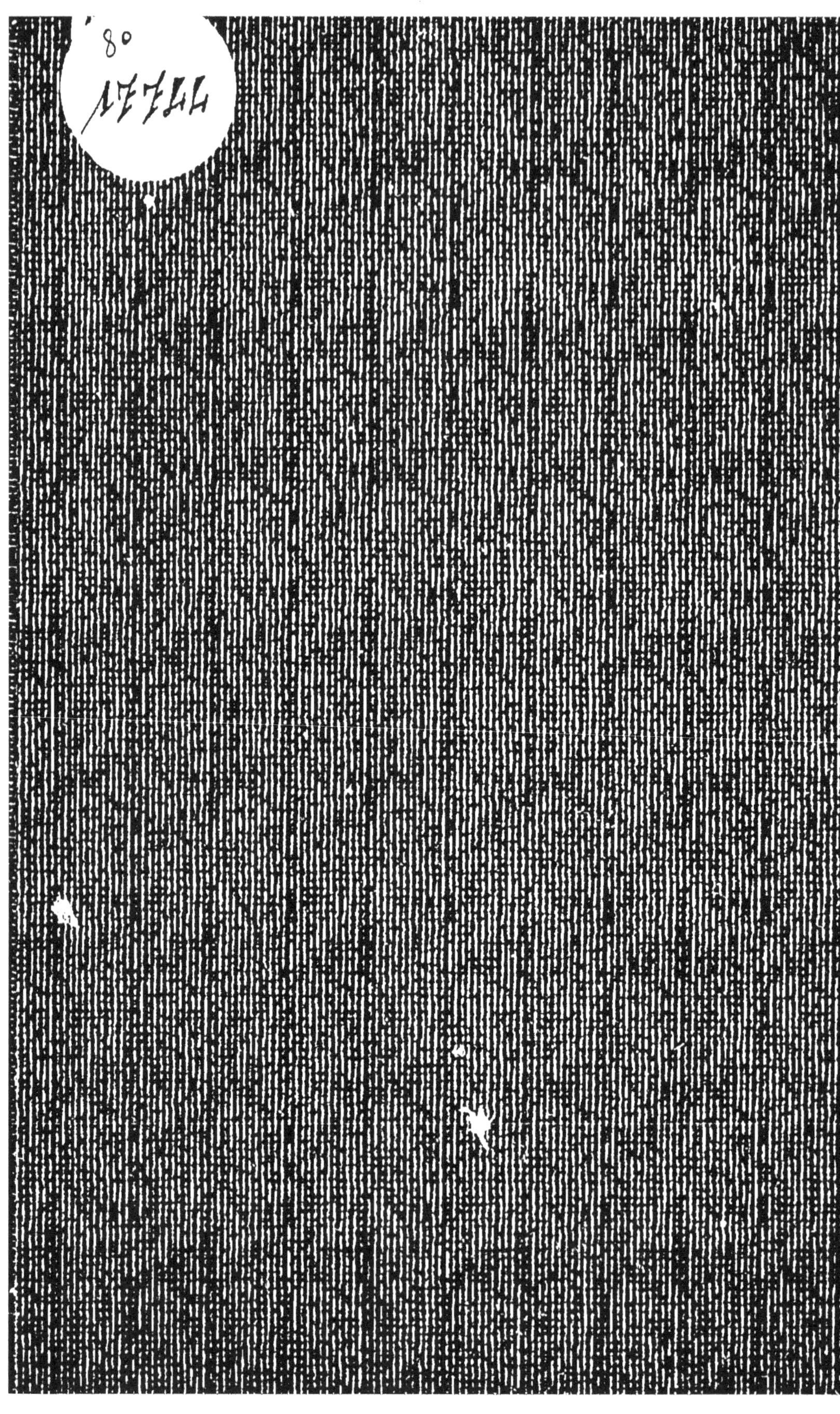

RECHERCHES

SUR LES

FORCES ÉLECTROMOTRICES D'AIMANTATION

PAR

M. RENÉ PAILLOT.

LILLE.

IMPRIMERIE L. DANEL,
Rue Nationale, 91.

1901.

Recherches

sur les

Forces électromotrices d'Aimantation

Thèse soutenue à la Faculté des Sciences de Lille, le 11 Décembre 1901,
pour obtenir le grade de Docteur ès-Sciences physiques.

RECHERCHES

SUR LES

FORCES ÉLECTROMOTRICES

D'AIMANTATION

PAR

M. RENÉ PAILLOT,

LILLE.

—

IMPRIMERIE L. DANEL,
Rue Nationale, 91.

—

1901.

RECHERCHES

SUR LES

FORCES ÉLECTROMOTRICES D'AIMANTATION

HISTORIQUE ET INTRODUCTION

Je me suis proposé, dans ce travail :

1° D'étudier la force électromotrice d'aimantation pour des champs magnétiques très intenses ;

2° D'étudier la variation de la force électromotrice d'aimantation avec la température.

On sait que lorsqu'on plonge dans un électrolyte, susceptible de les attaquer, deux barreaux d'une substance magnétique et qu'on soumet l'un d'eux à l'action d'un champ magnétique, le système fonctionne comme une pile dont la force électromotrice a été désignée par MM. Nichols et Franklin (1) sous le nom de *force électromotrice d'aimantation*.

Les considérations théoriques de M. Janet (2) et de M. P. Duhem (3) ont établi d'une façon indiscutable qu'un corps paramagnétique aimanté est *positif* par rapport au même corps non aimanté et qu'au contraire un corps diamagnétique est *négatif* par rapport au même corps non aimanté.

(1) Nichols et Franklin. The electromotive force of Magnetization. *American Journal of Science* (3), t. 35, p. 290.

(2) P. Janet. *Journal de Physique* (2), t. VI, p. 286 et t. VIII, p. 312.

(3) P. Duhem. Théorie nouvelle de l'aimantation par influence fondée sur la thermodynamique. *Thèse de Doctorat*. Paris 1888 (Gauthier-Villars).

On peut même, moyennant certaines hypothèses, obtenir une formule qui relie la force électromotrice d'aimantation à l'intensité d'aimantation et à la susceptibilité magnétique du corps étudié.

Si l'on désigne par $\mathcal{J}$ et $\mathcal{J}'$ les intensités d'aimantation sur l'électrode aimantée et dans le liquide qui se trouve au voisinage de cette électrode, par K et K′ les susceptibilités magnétiques de l'électrode aimantée et du liquide environnant (ces différentes quantités étant prises des deux côtés de la surface de séparation du métal magnétique et du liquide dans un volume très petit dans lequel l'intensité d'aimantation et la susceptibilité magnétique sont supposées constantes) ; si l'on désigne en outre par l l'équivalent électrochimique du métal et par δ sa densité, la force électromotrice d'aimantation est donnée par la formule (1) :

$$\mathcal{E} = \frac{l}{\delta}\left(\frac{\mathcal{J}^2}{2\,\mathrm{K}} - \frac{\mathcal{J}'^2}{2\,\mathrm{K}'}\right).$$

Comme on peut, en général, négliger le terme $\frac{\mathcal{J}'^2}{2\,\mathrm{K}'}$ relatif au liquide, cette expression devient :

$$\mathcal{E} = \frac{l}{\delta}\,\frac{\mathcal{J}^2}{2\,\mathrm{K}}.$$

Cette formule approximative donne souvent des indications précieuses sur la marche du phénomène.

Je crois d'abord devoir résumer brièvement les recherches expérimentales relatives à cette question. Je me bornerai à celles qui ont été effectuées avec des électrodes de même nature et qui présentent par conséquent le plus d'analogies avec mon travail. Je laisserai systématiquement de côté les nombreuses recherches effectuées sur les piles dont une des électrodes est constituée par du fer et l'autre par un métal non magnétique, ainsi que les expériences relatives à l'action du magnétisme sur les piles thermo-électriques dont l'un des métaux est magnétique.

J'ai eu soin de répéter quelques-unes des plus importantes expériences que je vais rappeler et principalement celles de M. Hurmuzescu sur lesquelles je reviendrai plus loin. (Voir deuxième partie de ce travail p. 40-43).

(1) Dr Hurmuzescu. Les modifications physiques dues à l'aimantation. *Rapports présentés au Congrès international de Physique*. Paris, 1900, t. II, p. 565.

Les premières recherches relatives à la force électromotrice d'aimantation sont dues à M. TH. GROSS [1]. Ce physicien employait des électrodes de fer doux vernies jusqu'à leur surface terminale, entourées d'une spirale de fil de cuivre isolé permettant de les aimanter alternativement et plongeant dans une solution de chlorure ferrique (de densité 1,24). En reliant ces électrodes à un galvanomètre il constata qu'un courant prenait naissance, qui allait *de l'électrode aimantée à l'électrode non aimantée à travers le chlorure de fer.*

Le sens du courant était le même, que ce soit le pôle Nord ou le pôle Sud de l'électrode qui plonge dans l'électrolyte. Lorsque l'aimantation augmentait, l'intensité du courant augmentait également.

Une solution rouge brune d'oxyde de fer dans l'acide azotique (de densité 1,34) donnait des courants un peu plus faibles que la solution de chlorure ferrique, mais *de même sens.*

Des solutions concentrées et neutres de chlorure ferreux et de sulfate ferreux ne donnaient aucun courant. Légèrement acidulées, elles produisaient des courants plus faibles que dans le cas du chlorure ferrique.

Des solutions d'azotate de potassium ne donnaient rien. Enfin, dans l'acide azotique dilué on n'obtenait des courants, *toujours dirigés dans le même sens que dans la solution de chlorure ferrique*, que lorsque le liquide était devenu ferrugineux au voisinage des électrodes.

M. TH. ANDREWS [2] fit un très grand nombre d'expériences sur ce sujet. Dans les branches d'un tube en U rempli de différents liquides, il plongeait des barreaux de fer doux de $0^{cm},6$ de diamètre environ, soigneusement polis et coupés dans le même échantillon, de manière à avoir, autant que possible, la même composition chimique et la même constitution moléculaire. Ce tube en U était plongé dans un vase rempli d'eau afin d'assurer la constance de la température ; l'une de ses branches était entourée d'une bobine magnétisante. Les barreaux de fer étaient reliés à un galvanomètre sensible. Lorsque l'équilibre était établi, il aimantait l'un des barreaux en faisant passer un courant dans la bobine.

---

(1) TH. GROSS. Ueber eine neue Entstehungsweise galvanischer Ströme durch magnetismus. *Verhandl. der physik. Ges. in Berlin*, p. 33 (1885) et *Sitzungsber. der Wiener Akad.*, 2e série, t. XCII, p. 1373 (1885).

(2) TH. ANDREWS. *Proceed. of the Royal Society*, t. XLII, p. 459, t. XLIV, p. 152, t. XLVI, p. 170 et t. LII, p. 114.

Les principaux résultats de ces recherches sont les suivants :

Dans la plupart des cas, *le barreau aimanté est électro-positif par rapport au barreau non aimanté,* le courant allant du métal aimanté au métal non aimanté à travers l'électrolyte. L'action augmente généralement avec le temps.

L'acide chlorhydrique dilué ou concentré ne donne rien.

Le bromure de potassium additionné de brome donne une force électromotrice qui atteint 0,05 volts, le fer aimanté étant électro-positif. Dans le chlorure ferrique additionné de chlore, le fer aimanté est au contraire électro-négatif et lorsque le chlore a disparu, le fer aimanté devient électro-positif. Dans les solutions d'acide azotique additionné de chlorate de potassium, l'action augmente avec la concentration ; le fer aimanté est électro-positif.

Les expériences effectuées avec le sulfate ferreux montrent l'influence de l'intensité d'aimantation.

Dans la solution concentrée de chlorure ferrique on constate qu'il se dépose plus d'oxyde de fer dans la branche qui contient l'électrode aimantée qui est d'ailleurs électro-positive.

Avec le chlorure, le sulfate ou l'azotate de cuivre, la solution paraît plus bleue du côté du fer aimanté électro-positif. Cet effet est surtout très marqué avec le bromure de cuivre.

MM. NICHOLS et FRANKLIN (1) employaient deux électrodes de fer doux placées dans des tubes de verre de 10 cm de long et 1 cm de large de manière que leurs extrémités dépassent de 1 cm environ. Ces électrodes plongeaient dans des tubes fermés à leur partie inférieure et réunis à leur partie supérieure par un tube horizontal de 50 cm de longueur environ. Elles étaient d'ailleurs réunies à un galvanomètre sensible. L'une des électrodes pouvait être introduite dans un champ magnétique puissant, l'autre restant en dehors de ce champ. Ils constatèrent que, lorsque l'électro-aimant n'était pas excité, il y avait production d'un courant en général très irrégulier, soit en intensité, soit même en direction. Ces irrégularités, très importantes lorsque le liquide actif était de l'acide azotique, étaient beaucoup moindres avec des dissolutions d'acides faibles, des dissolutions de chlorure ou de sulfate ferreux ou des dissolutions de chlorhydrate d'ammoniaque.

---

(1) NICHOLS et FRANKLIN. The electromotive force of Magnetization. *Americ. Journ. of Science* (3), t. 35, p. 290.

Ils avaient essayé, sans y parvenir, de compenser ces courants irréguliers par une dérivation prise sur le circuit d'un élément Daniell.

Ils ont alors remplacé les électrodes de fer par deux cylindres de fer de Norvège de 1^{cm} de long et $0^{cm},4$ de diamètre placés horizontalement dans le liquide actif et fixés aux extrémités de fils de cuivre reliés au galvanomètre. Ces cylindres étaient recouverts d'un enduit isolant sauf sur une portion de leur surface de quelques millimètres carrés d'étendue. Dans ces conditions, le sens de la force électromotrice développée dépendait à la fois de la position du cylindre et de celle des points de fer mis à nu par rapport aux lignes de force du champ. Quand ces points se trouvaient sur l'un des pôles développés par influence dans le cylindre de fer doux, *l'électrode placée dans le champ se comportait, par rapport à l'électrode extérieure, comme le zinc vis-à-vis du platine.* Elle se comportait en sens inverse quand les points de fer mis à nu étaient situés sur la région neutre.

Si les deux cylindres étaient placés dans le champ magnétique, on observait des effets plus marqués en mettant à nu des portions de ces cylindres correspondant respectivement à un pôle induit ou à une région neutre. Le cylindre qui touchait le liquide par son pôle se comportait comme du zinc, celui qui touchait le liquide par une région neutre se comportait comme du platine.

En résumé, quand on réussit à régulariser les forces électromotrices d'aimantation, *le fer aimanté est*, d'après MM. Nichols et Franklin, *négatif par rapport au fer non aimanté, c'est-à-dire plus attaquable que lui.*

Signalons, en passant, que MM. Nichols et Franklin attribuent les résultats qu'ils ont obtenus à un effet secondaire des sels magnétiques produits par la réaction ; ceux-ci seraient maintenus en place par les forces magnétiques autour des pôles induits, tandis qu'ils seraient attirés vers les pôles quand c'est la région neutre qui est mise à nu.

MM. Rowland et Bell (1) ont opéré d'une façon analogue. Ils se sont préoccupés principalement de la première impulsion du galvanomètre, celle qui ne peut être attribuée qu'à une action propre du champ, quand les produits de la réaction n'interviennent pas encore pour la modifier.

---

(1) Rowland et Bell, On an Explanation of the Action of Magnet on Chemical Action. *Americ. Journ. of Science* (3), t. 36, p. 39.

Ces physiciens ont trouvé l'action d'un grand nombre de liquides très irrégulière. Elle est nulle avec les acides acétique, formique, oxalique, tartrique, chlorique, bromique et phosphorique ; nulle ou faible avec les sulfate, azotate, acétate, chlorure et tartrate de cuivre ; notable avec l'acide chromique, les chlorure et bromure mercuriques, l'azotate d'argent, le chlorure de platine ; très grande enfin avec le chlorure ferrique, l'eau de chlore et l'acide azotique.

De petits barreaux de nickel et de cobalt leur ont donné une action analogue mais beaucoup plus faible.

Lorsqu'il y avait dégagement d'hydrogène, par exemple avec les acides chlorique, bromique, sulfurique et notamment l'acide iodhydrique, l'aimantation produisait un effet d'ailleurs très petit. La force électromotrice varie de 0,001 volt dans les acides qui produisent un dégagement d'hydrogène à 0,03 volt dans l'acide azotique.

D'après ces physiciens, la cause de l'action magnétique qui entrave l'action chimique réside dans l'attraction que l'aimant exerce sur les métaux magnétiques séparés des solutions formées ; c'est ce qui se produit notamment dans les électrodes en forme de pointes, moins ou pas du tout dans les électrodes planes.

Quand la position des pôles est équatoriale, l'action ne peut pas se produire. Cette action serait donc, dans tous les cas, purement mécanique. D'ailleurs, si l'on agite le liquide à l'un des pôles, l'action augmente parfois et parfois diminue.

Ces expériences ont été reprises par M. G. O. Squier (1) qui a étudié la force électromotrice de petites piles dont les électrodes en fer affectent, suivant les essais, des formes différentes. Ces électrodes étaient recouvertes en partie de cire à cacheter et plongeaient dans le liquide actif. Elle étaient prises dans une même barre de fer et polies également avec de l'émeri fin afin d'être aussi identiques que possible. La force électromotrice de la pile, quand elle était soustraite à l'action du champ, était compensée par une dérivation prise sur un élément Daniell.

La variation de la force électromotrice résultant de l'action d'un champ magnétique était mesurée par la déviation de l'aiguille d'un galvanomètre sensible.

(1) G. O. Squier. Effets chimiques dus à la magnétisation. *Lumière Électrique*, t. 48, p. 588 (1898).

Les premières expériences ont été faites avec de l'acide azotique très dilué. L'une des électrodes était une pointe très aiguë, l'autre un disque recouvert de cire à cacheter, sauf au centre La pointe était placée à 1 centimètre de distance du centre du disque et disposée suivant les lignes de force du champ magnétique. Dès que celui-ci était produit, l'aiguille du galvanomètre recevait une impulsion momentanée indiquant la formation d'un courant allant de la pointe au disque à l'intérieur de la pile ; un courant inverse se produisait ensuite.

En coupant la pointe de manière que la section obtenue ait une aire égale à la portion du disque non préservée par la cire à cacheter, l'impulsion du galvanomètre était de beaucoup diminuée.

Une impulsion de même sens était également observée quand on employait une électrode en pointe et une électrode sphérique, mais elle était moins grande qu'avec une pointe et un disque.

Dans tous les cas, le sens de l'impulsion restait le même quand on renversait le sens du courant dans l'électro-aimant.

M. Squier a également observé que dans certaines conditions l'effet du champ magnétique était de produire une déviation de l'aiguille du galvanomètre moins brusque mais en sens inverse. Il remarqua, en outre, que lorsque le mouvement du liquide est gêné, par de la gélatine par exemple, le courant conserve longtemps le même sens après la production du champ magnétique, tandis qu'en général le courant se renverse presque immédiatement. Pour étudier les causes de ces irrégularités, il était nécessaire d'opérer toujours dans des conditions bien déterminées. Pour cette raison, la forme, les dimensions des électrodes, leur distance étaient les mêmes dans toutes les expériences définitives. L'une d'elles était un disque de $1^{cm},44$ de diamètre et de $0^{cm},26$ d'épaisseur ; l'autre une tige de $0^{cm},44$ de diamètre et de $1^{cm},52$ de longueur taillée en pointe sur une longueur de $0^{cm},52$; la distance de la pointe au centre du disque était de 1^{cm}.

Lorsqu'il opérait avec de l'acide azotique, le liquide était formé de $10^{gr.}$ d'eau distillée, $1^{gr.}$ de gélatine sèche et $0^{gr.},533$ d'acide azotique concentré de densité 1,415.

Dans certains cas et dans le but de protéger la pointe contre l'action du liquide dès son introduction dans celui-ci, les électrodes seules étaient d'abord placées dans le champ magnétique, puis le vase contenant l'acide était soulevé jusqu'à ce que les électrodes soient entourées de liquide.

Le champ magnétique était d'environ 15 650 H [1] (H intensité horizontale du champ terrestre). L'intensité du courant qui va de la pointe au disque dans le circuit extérieur diminue peu à peu et devient nulle après 44 minutes environ ; celle du courant inverse qui se produit alors croît rapidement, puis prend une valeur constante qui est environ le double de l'intensité du courant initial. Les sels de fer formés se rassemblent symétriquement autour de la pointe.

Après avoir attendu assez longtemps pour être certain que la formation nouvelle des sels de fer ne produirait plus de variation de la force électromotrice de la pile, on diminuait l'intensité du champ magnétique. Suivant la rapidité de cette variation, l'aiguille du galvanomètre recevait une impulsion plus ou moins brusque vers le zéro, mais cette impulsion n'avait jamais le caractère d'instantanéité que l'on observait à la première impulsion résultant de la production du champ.

L'effet du champ magnétique est donc bien de *rendre positive l'électrode la plus fortement aimantée ;* mais cet effet peut être renversé par la formation de sels de fer dans le voisinage de cette électrode. Cette dernière action est retardée par l'emploi d'une solution gélatineuse qui s'oppose à la diffusion des sels, et, en employant des solutions de plus en plus fluides, M. Squier a constaté qu'elle se produit de plus en plus rapidement. Cette action est d'autant plus forte que la solution est plus riche en sels de fer et l'auteur a constaté qu'avec une concentration suffisante l'impulsion primitive de l'aiguille du galvanomètre est inverse de celle qui se produit ordinairement.

Les acides chlorhydrique, acétique, perchlorique, sulfurique qui, en agissant sur le fer, dégagent de l'hydrogène, produisent une action plus faible. Avec l'acide sulfurique, l'impulsion galvanométrique quoique très faible, permet cependant des mesures. La solution à laquelle s'est arrêté l'auteur renfermait 10gr. d'eau, 1gr. de gélatine et 1gr.,062 d'acide sulfurique de densité 1,826.

Immédiatement après la formation du courant, des bulles d'hydrogène se déposaient sur l'électrode en pointe. Attribuant la faiblesse de l'impulsion galvanométrique à ces bulles, M. Squier additionna le liquide d'eau oxygénée et constata une augmentation de l'impulsion.

Cet auteur a cherché également la relation qui existe entre la valeur de la force électromotrice d'aimantation et l'intensité du champ

---

(1) 2080 gauss environ.

magnétique. Cette étude était rendue très difficile par les variations rapides qu'éprouve cette force électromotrice et les oscillations du galvanomètre. Il a trouvé que la force électromotrice augmente lentement tant que le champ est inférieur à 3 500 H (environ 665 gauss), qu'elle croit plus rapidement quand l'intensité du champ varie de 3 500 H (665 gauss) à 8 000 H (1520 gauss environ) puis, qu'elle reste *sensiblement constante* pour les valeurs du champ dépassant 10 000 H (1900 gauss). Avec la solution nitrique, cette force électromotrice dépasse 0,036 volts ; avec la solution sulfurique elle n'est que de 0,0033 à 0,0078 volts.

En résumé, les travaux de M. Squier montrent que les portions les plus fortement aimantées d'une pièce de fer plongée dans un liquide qui l'attaque sont *positives par rapport aux portions moins aimantées.*

M.G.P.Grimaldi (1) a fait des expériences intéressantes sur le bismuth.

Deux électrodes de bismuth, plongées dans une solution de chlorure de bismuth ou d'acide chlorhydrique sont réunies à un galvanomètre. En plaçant l'une de ces électrodes entre les pôles d'un électro-aimant on observe, quand on produit le champ magnétique, un courant qui est dirigé, dans le liquide, du bismuth aimanté au bismuth non aimanté. Le bismuth aimanté est donc *négatif* par rapport au bismuth non aimanté.

Ce courant a toujours la même direction. La force électromotrice varie avec les électrodes et les solutions. Dans certains cas, elle peut atteindre la valeur de 0,00230 daniell pour un champ égal à 81 500 H (15 485 gauss environ).

Ce courant, d'après M. Grimaldi, serait dû en partie au mouvement du liquide diamagnétique produit par le champ ; il semble dépendre aussi en partie d'une action particulière que le magnétisme produit dans le bismuth et qui en fait varier le potentiel de contact.

Les résultats obtenus par ces divers expérimentateurs sont, comme on le voit, contradictoires. Les uns trouvent que le fer aimanté est positif par rapport au fer non aimanté ; les autres trouvent au contraire qu'il est négatif.

---

(1) G. P. Grimaldi. *Il nuovo Cimento*, t. XXV, p. 101 (1889).

Remarquons qu'ils emploient souvent des électrodes à grande surface et que les mesures doivent être incertaines, tant à cause du défaut d'homogénéité de ces surfaces que de leur état magnétique imparfaitement connu. L'orientation de ces surfaces par rapport à la direction du champ est d'ailleurs souvent mal définie et nous verrons que cette orientation a une influence notable.

D'un autre côté, ils emploient un galvanomètre pour mesurer la force électromotrice d'aimantation et des liquides le plus souvent concentrés. Il se produit, dans ces conditions, un courant appréciable et l'on doit s'attendre à obtenir des phénomènes de polarisation, des changements dans la composition des liquides et dans l'orientation des sels de fer sous l'influence du champ et par conséquent des variations de résistance qui masquent l'allure normale du phénomène.

M. HURMUZESCU, dans un travail remarquable [1], a précisé les conditions expérimentales dans lesquelles on doit se placer pour éviter autant que possible les causes d'erreur et obtenir des résultats concordants.

Au lieu d'électrodes à grande surface, il employait des électrodes bien isolées, ayant avec le liquide dans lequel elles plongent des surfaces de contact très petites, bien limitées, bien dressées et d'orientation bien déterminée par rapport au champ magnétique. A cet effet, il prenait des électrodes formées de fils de $0^{cm},02$ à $0^{cm},1$ de diamètre, préparées à la Wollaston de manière que le verre fondu emprisonne bien le métal sans présenter de soufflures. L'extrémité de l'électrode était soigneusement polie sur du papier d'émeri très fin. Elles n'étaient introduites dans le liquide qu'une demi-heure au moins après le polissage et il attendait que la force électromotrice parasite ait pris une valeur bien constante avant de commencer les mesures.

En outre, au lieu d'employer un galvanomètre pour mesurer la force électromotrice d'aimantation, il prenait un électromètre capillaire, ce qui permettait d'employer un liquide contenant extrêmement peu d'acide et par conséquent d'avoir une attaque très lente et très régulière de l'électrode.

---

(1) Dr HURMUZESCU. Sur les modifications mécaniques, physiques et chimiques qu'éprouvent les différents corps par l'aimantation. *Archives des sciences phys. et natur. de Genève*, t. V, p. 27 (1898) et *Journal de physique* (3), t. V., p. 119.

Moyennant toutes ces précautions, et à la condition de ne faire une nouvelle mesure que lorsque l'électromètre était revenu à son zéro primitif, M. Hurmuzescu obtint, surtout avec les acides acétique et oxalique, des résultats comparables entre eux, pour un même système, trois jours après sa formation.

Examinons maintenant les résultats obtenus par M. Hurmuzescu.

L'auteur a étudié deux cas distincts :

1° La surface par laquelle l'électrode prend contact avec le liquide est sur une partie de l'électrode où la densité magnétique superficielle est nulle ;

2° La surface de contact se trouve sur un des pôles formés.

Expériences sur le fer. — 1er *cas.* — M. Hurmuzescu a trouvé que, jusqu'à 7 000 gauss, l'électrode aimantée est toujours *positive* par rapport à l'électrode non aimantée.

La force électromotrice d'aimantation est indépendante du sens du champ magnétique ; elle ne dépend pas non plus de l'acide employé, ni de sa concentration, ni de sa richesse en sels de fer.

Lorsque l'acide est très énergique, le système est très variable et ne conserve pas un état permanent ; les mesures sont peu précises.

La courbe qui relie la force électromotrice d'aimantation au champ $\mathcal{H}$ se rapproche de celle qui donne l'intensité d'aimantation en fonction du champ magnétique avec, dans certains cas, un point d'inflexion bien net vers $\mathcal{H} = 2\ 200$ gauss.

L'allure de la courbe est toujours la même ; elle dépend un peu de l'échantillon employé. Toutes ces courbes satisfont, au moins qualitativement, à l'équation

$$\mathcal{E} = \frac{1}{2\delta}\,\frac{\mathcal{J}^2}{K}.$$

Dans certaines expériences, la force électromotrice d'aimantation, après avoir atteint une valeur maximum où elle restait quelque temps diminuait lentement pour se fixer à une valeur un peu plus petite.

M. Hurmuzescu attribue cette variation qui, dans de nombreuses occasions met un temps appréciable pour arriver à une valeur constante, à une modification de la surface de l'électrode due peut-être à la présence de bulles de gaz ou à celle de sels de fer dans le voisinage de la surface de contact.

Lorsqu'on supprime le champ magnétique, l'électromètre passe par zéro sans s'y arrêter et prend une valeur négative d'autant plus grande que la variation a été plus grande, mais il revient, au bout d'un certain temps, au zéro.

Enfin M. Hurmuzescu a observé que la courbe est d'autant plus relevée que le diamètre de l'électrode est plus grand.

2e *cas.* — L'électrode à aimanter prend contact avec le liquide par une partie de sa surface où il y a une densité magnétique superficielle.

Dans ce cas, on obtient une force électromotrice d'aimantation beaucoup plus petite, tantôt positive, tantôt négative suivant que la dissolution est peu riche ou très riche en sels de fer. Cette variation tient donc à l'état magnétique de la dissolution.

Expériences sur le nickel. — Pour des électrodes à la Wollaston formées de fils de nickel placés normalement au champ, on observe que le nickel aimanté est *positif* par rapport au nickel non aimanté.

Dans les champs moyens employés par M. Hurmuzescu, la force électromotrice d'aimantation du nickel était de l'ordre du millième de volt.

Expériences sur le bismuth. — Avec le bismuth, la force électromotrice d'aimantation est de l'ordre du dix-millième de volt. Elle a un sens contraire à celle obtenue avec le fer et le nickel, c'est-à-dire que l'électrode aimantée est *négative* par rapport à l'électrode non aimantée.

Dans les recherches de M. Hurmuzescu les champs magnétiques employés ne dépassaient pas 7 000 gauss.

Je me suis proposé d'étendre ces recherches à des champs magnétiques plus intenses et de chercher notamment *si la force électromotrice d'aimantation passe par un maximum ou tend vers une limite déterminée quand on augmente considérablement l'intensité du champ magnétique.*

Je me suis proposé, en outre, d'étudier la *variation de la force électromotrice d'aimantation avec la température* en opérant sur diverses substances magnétiques et en particulier sur le fer, différents aciers, le nickel et le bismuth.

Ce travail est divisé en deux parties :

La première contient la description des appareils dont je me suis servi, des détails sur la manière dont les expériences ont été conduites et la discussion des méthodes employées; dans la seconde, j'expose les résultats obtenus et les conclusions que l'on en peut tirer.

Toutes mes expériences ont été effectuées au laboratoire de l'Institut de Physique de la Faculté des Sciences de Lille. Qu'il me soit permis d'exprimer ma vive et profonde reconnaissance à mon Maître, M. le Professeur Damien qui, non content de mettre à mon entière disposition les ressources précieuses de son laboratoire, n'a cessé de me prodiguer, dans le cours de ce travail, ses encouragements et ses savants conseils.

Je prie également M. G. Sagnac, dont les renseignements autorisés et l'exquise obligeance ont facilité considérablement mes recherches, d'agréer le témoignage de mon affectueuse gratitude.

PREMIÈRE PARTIE

MÉTHODE. — DISPOSITIF EXPÉRIMENTAL

Il résulte des expériences de M. Hurmuzescu que j'ai résumées plus haut et des recherches préliminaires que j'ai effectuées, que l'on obtient les résultats les plus réguliers et les plus nets en employant des électrodes à la Wollaston normales au champ magnétique, prenant contact avec le liquide, faiblement acidulé, par une surface très petite, bien dressée, parallèle au champ et en mesurant les forces électromotrices au moyen de l'électromètre capillaire de M. Lippmann.

C'est donc ce dispositif et cette méthode que j'ai exclusivement adoptés.

J'indiquerai successivement :

1° La manière dont j'ai obtenu les champs magnétiques intenses ;

2° La méthode employée pour mesurer l'intensité de ces champs ;

3° L'approximation obtenue dans cette mesure ;

4° Les vérifications auxquelles j'ai soumis cette méthode ;

5° La méthode employée pour mesurer les forces électromotrices ;

6° La manière dont j'ai obtenu les températures constantes, et enfin

7° Les précautions particulières qu'il est nécessaire d'employer pour régulariser le phénomène.

1° — PRODUCTION DES CHAMPS MAGNÉTIQUES

J'ai employé l'électro-aimant en forme de demi-anneau de M. Du Bois (1) construit par la maison Hartmann et Braun. Cet

(1) H. Du Bois. Halbring-Electromagnet. *Zeitschrift für Instrumentenkünde*. Déc. 1899, p. 357.

électro-aimant se compose de deux branches S_1 et S_2 (fig. 1), en forme de quart de cercle, solidement fixées par des écrous K_1, K_2

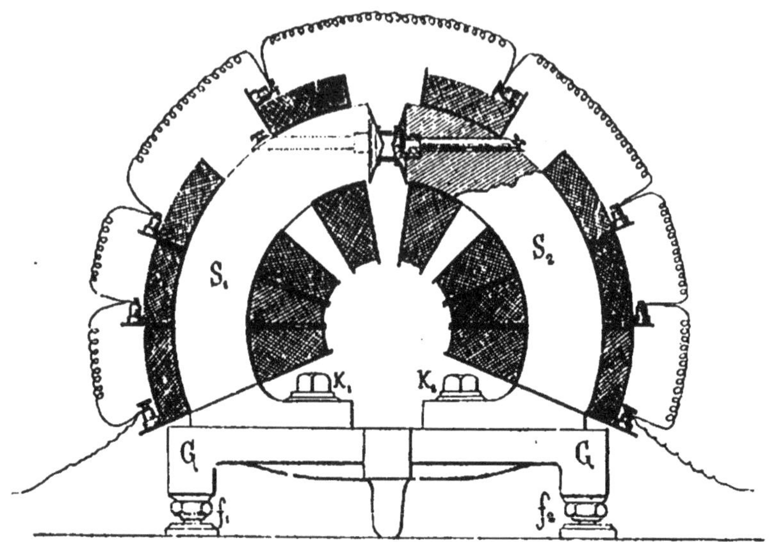

Fig. 1.

à une base GG munie de vis de réglage f_1 et f_2. Ces branches peuvent être rapprochées ou écartées l'une de l'autre; elles sont guidées dans leur mouvement par un rail latéral. Chaque branche porte quatre bobines que l'on peut relier en série ou en quantité suivant la source d'électricité dont on dispose. Le courant étant fourni, au laboratoire, par une batterie de 40 accumulateurs Tudor, j'ai adopté la disposition en série. Chacune des bobines, formée de fil de cuivre isolé de $0^{cm},25$ de diamètre, entoure un secteur circulaire de 22° 30′. Les huit bobines couvrent donc un secteur de $8 \times 22° 30' = 180°$; elles ont une résistance totale de 3,6 ohms.

Le nombre total des spires est de 2 500 ce qui, pour un courant de 20 ampères, donne une force magnétomotrice de 62 800 unités C.G.S. En divisant ce nombre par la longueur $L = 125^{cm},6$ du circuit magnétique on obtient, pour l'intensité du champ à l'intérieur des spires, (en supposant le circuit complètement fermé et les pièces polaires appliquées l'une contre l'autre) la valeur

$$\mathcal{H} = 500 \text{ gauss.}$$

Un courant de 20 ampères, sous une tension de 72 volts, correspond à un travail de

$$\frac{1}{1\,000}(20 \times 72) = 1{,}44 \text{ kilowatt} = 2 \text{ chevaux environ,}$$

travail que les bobines peuvent absorber pendant un temps suffisamment long sans trop grande élévation de température.

Pour un circuit magnétique fermé, le coefficient de self-induction Λ est donné par l'expression

$$\Lambda = \frac{4\pi n^2 S}{L} \frac{d\mathcal{B}}{d\mathcal{H}}, \text{ (1)}$$

dans laquelle n désigne le nombre de tours, S la section des branches, L la longueur moyenne du circuit magnétique, $\mathcal{B}$ l'induction et $\mathcal{H}$ l'intensité du champ des bobines. Dans le cas actuel, on a :

$$n = 2\,500$$
$$S = 58^{\text{cmq}},$$
$$L = 125^{\text{cm}},6.$$

En prenant pour $\frac{d\mathcal{B}}{d\mathcal{H}}$ la valeur 5 000 on obtient :

$$\Lambda = 180 \text{ henrys,}$$

et une *constante de temps* $\frac{\Lambda}{R} = 50$ secondes.

On doit prendre des précautions spéciales, dans l'interruption du courant, pour ne pas altérer l'isolant. Il est prudent de diminuer graduellement l'intensité du courant et de ne l'interrompre que lorsqu'il a pris une valeur suffisamment petite.

Les extrémités supérieures des deux branches S_1 et S_2 sont munies de garnitures dans lesquelles on peut fixer, par un ajutage à baïonnette, des pièces polaires de formes différentes. Leur diamètre est, aux

(1) H. Du Bois, loc. cit. p. 359.

extrémités, de 8^{cm} : il se raccorde progressivement avec le diamètre des branches qui est partout ailleurs de $8^{cm},6$. Cette disposition, qui produit une grande économie de force magnétomotrice, est due à M. P. Weiss [1].

Pour obtenir un champ très intense, les pièces polaires ont la forme de troncs de cône. Celles que j'ai employées sont formées de deux parties : une première pièce tronconique P_1 (fig. 2) fixée, comme nous

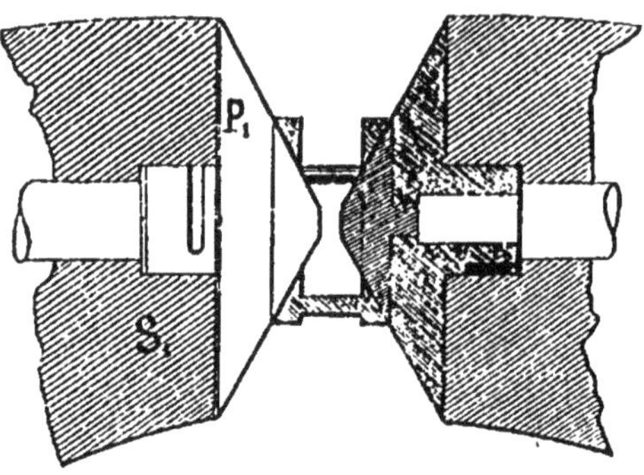

Fig. 2.

l'avons dit plus haut, à la branche S_1 par une garniture à baïonnette. Le demi-angle d'ouverture est de 63° 30′ et le diamètre de la petite base est de 4^{cm}. Dans cette petite base est percé un trou central dans lequel on introduit la tige d'une deuxième pièce tronconique dont le demi-angle d'ouverture est de 60° 30′ et dont la petite base a un diamètre de $0^{cm},6$. Ces dernières pièces sont maintenues à une distance invariable l'une de l'autre par des anneaux de bronze réunis par trois entretoises. Une série de pièces analogues, dans lesquelles les longueurs des entretoises sont différentes, permet d'obtenir des entrefers de longueurs variables.

Pour un entrefer de $0^{cm},33$ l'électro-aimant conserve, après excitation, une partie de son aimantation. J'ai constaté par exemple, que quelques instants après la cessation d'un champ de 30 000 gauss, le champ rémanent avait une valeur de 692 gauss.

On peut diminuer notablement ce champ rémanent et même l'annuler presque complètement en lançant dans l'électro-aimant des courants alternativement de sens contraire qui vont en diminuant

(1) P. Weiss, *L'Éclairage électrique*, t. 15, p. 481 (1898).

progressivement. On arrive facilement à obtenir un champ rémanent qui ne dépasse pas 20 à 30 gauss.

Lorsqu'on produit un champ de 30 000 gauss dans l'entrefer, l'intensité du champ magnétique, a une distance de 30cm environ de l'électro-aimant et dans une direction normale à celle du champ, est de 20 gauss environ.

2° — MESURE DES CHAMPS MAGNÉTIQUES.

J'ai employé la méthode fondée sur l'induction.

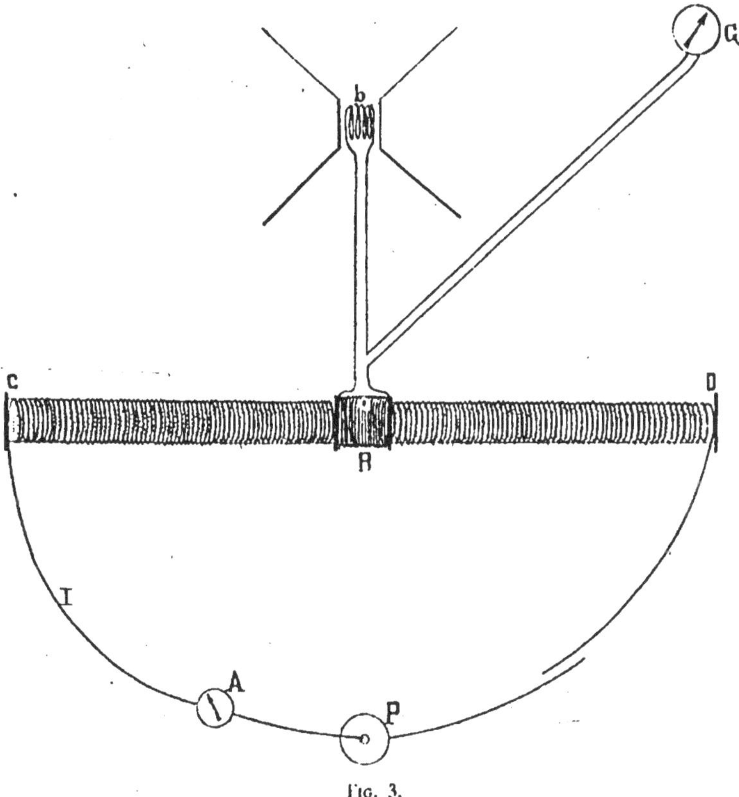

FIG. 3.

Dans le circuit d'un galvanomètre balistique G (fig. 3) se trouvent deux bobines : l'une *b* que l'on introduit dans le champ à mesurer de manière que son axe soit parallèle au champ, l'autre B entourant le milieu d'un long solénoïde C D dans lequel on fait circuler un courant d'intensité I connue. Il s'agit de comparer les déviations produites au galvanomètre balistique par l'enlèvement de la bobine b hors du champ et par l'interruption brusque du courant qui circule dans le solénoïde C D.

En désignant par s la surface (exprimée en centimètres carrés) des spires de la bobine b, par n le nombre de spires de cette bobine, par $\mathcal{H}$ la valeur du champ magnétique à mesurer et par R la résistance (en ohms) du circuit total comprenant les bobines b et B, le galvanomètre balistique et les fils de communication, la quantité q d'électricité induite (exprimée en coulombs) dans la bobine b lorsqu'on la fait tourner de 180° autour d'un axe parallèle au plan des spires, est

$$q = \frac{2 n s \mathcal{H}}{10^8 R}.$$

Si λ désigne la constante du galvanomètre balistique et α l'angle d'impulsion de l'aiguille, on a

$$(1) \quad \frac{2 n s \mathcal{H}}{10^8 R} = \lambda \sin \frac{\alpha}{2}.$$

On fait alors passer dans le solénoïde CD un courant d'intensité I (en ampères). Si l'on désigne par n' le nombre de spires, par l la longueur du solénoïde, le champ uniforme h, créé à l'intérieur de ce solénoïde, a pour valeur

$$(2) \quad h = \frac{4 \pi n' I}{10\, l} = \frac{4 \pi \nu I}{10},$$

ν représentant le nombre de spires par centimètre.

Si l'on interrompt brusquement le courant qui passe dans le solénoïde, on engendre dans la bobine B un courant d'induction et si l'on désigne par S la surface traversée par le flux de force magnétique, par N le nombre de spires de la bobine et si α' est la déviation de l'aiguille du galvanomètre balistique, on a

$$(3) \quad \frac{N S h}{10^8 R} = \lambda \sin \frac{\alpha'}{2},$$

expression dans laquelle R a la même valeur que dans l'expression (1).

La formule (2) suppose que le solénoïde est indéfini. Comme il a, en réalité, une longueur finie, il y a lieu de faire ici une correction.

La longueur du solénoïde étant en réalité très grande par rapport à son diamètre, nous pouvons prendre pour expression du champ magnétique, vers le milieu du solénoïde, la valeur approchée

$$(4)\ h = \frac{4\pi v I}{10}\left(1 - \frac{D^2}{2l^2}\right).$$

D désignant le diamètre du solénoïde.

Le terme correctif $\frac{4\pi v I}{10}\ \frac{D^2}{2l^2}$ représente un champ de sens contraire au champ du solénoïde indéfini. Il agit dans toute l'étendue de la bobine B de surface S′ qui entoure le solénoïde et y produit un flux négatif :

$$\frac{4\pi v I}{10}\ \frac{D^2}{2l^2}\ N\ S'.$$

Le flux total qui traverse la bobine B est donc :

$$\frac{4\pi v I}{10}\ N\ S - \frac{4\pi v I}{10}\ \frac{D^2}{2l^2}\ N\ S',$$

ou

$$\frac{4\pi v I}{10}\ N\ S\ \left(1 - \frac{2S'}{\pi l^2}\right)$$

et la quantité d'électricité induite dans la bobine B lors de la rupture du courant dans le solénoïde est

$$(5)\quad \frac{4\pi v I}{10}\ \frac{N\ S}{10^8 R}\left(1 - \frac{2S'}{\pi l^2}\right) = \lambda \sin\frac{\alpha'}{2}.$$

En combinant les équations (1) et (5), on a :

$$(6)\quad \frac{2\, n\, s\, \mathcal{H}}{\frac{4\pi v I}{10}\ N\ S\left(1 - \frac{2S'}{\pi l^2}\right)} = \frac{\sin\frac{\alpha}{2}}{\sin\frac{\alpha'}{2}} = \frac{\delta}{\delta'},$$

δ et δ' étant les déviations observées sur l'échelle du galvanomètre balistique.

On tire de là :

$$(7)\quad \mathcal{H} = \frac{NS\left(1 - \frac{2S'}{\pi l^2}\right)}{2ns}\,\frac{4\pi v I}{10}\,\frac{\delta}{\delta'},$$

expression que nous pouvons écrire :

$$(8)\quad \mathcal{H} = \frac{ND^2\left(1 - \frac{D'^2}{2l^2}\right)}{2nd^2}\,\frac{4\pi v I}{10}\,\frac{\delta}{\delta'}.$$

Dans le cas des entrefers très étroits, on retire brusquement la bobine b hors du champ. L'équation (1) s'écrit alors :

$$\frac{ns\,\mathcal{H}}{10^8\,R} = \lambda \sin\frac{\alpha}{2};$$

ce qui donne pour $\mathcal{H}$ l'expression :

$$(8')\quad \mathcal{H} = \frac{ND^2\left(1 - \frac{D'^2}{2l^2}\right)}{nd^2}\,\frac{4\pi v I}{10}\,\frac{\delta}{\delta'}.$$

Détermination du champ en fonction du courant d'excitation de l'électro-aimant. — Dans la plupart de mes expériences, lorsqu'il s'agissait notamment de mesurer la force électromotrice d'aimantation à température constante, il était indispensable de laisser l'électrode aimantée immobile dans le champ. Pour connaître la valeur du champ magnétique dans lequel se trouvait cette électrode j'ai, au préalable, construit très soigneusement une courbe donnant la valeur du champ en fonction de l'intensité du courant d'excitation de l'électro-aimant. Pour des intensités inférieures à 0,5 ampères, je me servais d'une petite batterie de 6 accumulateurs Tudor ; pour les intensités supérieures à 0,5 ampères j'employais une batterie de 40 accumulateurs du même type. Le courant de cette batterie passait, soit dans un rhéostat formé d'un certain nombre de lampes à incandescence que l'on pouvait placer en dérivation, soit dans trois rhéostats disposés en série. J'ai pu ainsi obtenir un grand nombre de points de la courbe pour des intensités variant entre 0,06 et 20 ampères.

L'intensité du courant était mesurée au moyen d'un ampéremètre Chauvin et Arnoux muni de deux shunts permettant de mesurer les courants de 0 à 3 ampères à 0,003 ampères près et les intensités de 3 à 20 ampères à 0,03 ampères près.

Je notais chaque fois, au moyen d'un voltmètre Chauvin et Arnoux la différence de potentiel aux bornes de l'électro-aimant.

Voici, par exemple, les données relatives au cas d'un entrefer de 0^{cm}, 33 qui m'a servi dans un très grand nombre d'expériences :

Divisions	I	$\mathcal{H}$
3,5	0,105	804
5,0	0,150	1 194
7,0	0,210	1 460
8,3	0,249	1 940
10,0	0,300	2 446
10,6	0,348	2 998
15,0	0,450	3 743
16,3	0,489	4 224
18,3	0,549	4 549
20,0	0,600	5 000
21,2	0,636	5 488
24,0	0,720	6 102
25,3	0,759	6 633
28,0	0,840	7 242
30,0	0,900	8 028
32,6	0,978	8 712
35,6	1,008	9 465
39,3	1,179	10 504
41,6	1,248	11 438
43,6	1,308	12 193
46,6	1,398	12,750
48,6	1,458	13 110
52,4	1,572	14 040
57,0	1,710	14 933
60,5	1,815	15 602
64,5	1,935	16 271
68,0	2,040	17 043
76,1	2,283	18 150
80,0	2,400	19 226
88,0	2,640	20 210
97,2	2,916	21 430
10,5	3,15	22 324
11,8	3,54	23 492
13,2	3,96	24 500
14,8	4,44	25 349
18,0	5,40	26 505
20,2	6,06	27 018
21,3	6,39	27 250
23,8	7,14	27 717
27,6	8,28	28 280
30,5	9,15	28 886
33,8	10,14	29 014
41,5	12,45	29 510
48,7	14,61	29 825

Divisions.	I.	$\mathcal{H}$
52,5	15,75	29 998
54,2	16,26	30 098
58,4	17,52	30 186
60	18,00	30 254
66	19,80	30 312

Dans la plupart des cas je pouvais, au moyen des rhéostats, obtenir telle intensité que je voulais et en particulier les intensités pour lesquelles j'avais déterminé directement l'intensité du champ magnétique. Pour des intensités voisines de celles-là, j'avais recours à la courbe construite d'après les données précédentes. Les champs magnétiques dans lesquels se trouvait l'électrode aimantée étaient donc toujours connus avec précision.

Galvanomètre balistique. — Le galvanomètre balistique que j'ai employé était un galvanomètre Thomson à faible résistance et à faible amortissement.

La durée de l'oscillation de l'aiguille était de dix secondes.

La sensibilité du galvanomètre $s = 82 \times 10^{-10}$.

Ce galvanomètre était placé dans une salle éloignée, à plus de 30 mètres de l'électro-aimant ; il n'était pas influencé par ce dernier. Les lectures étaient faites par la méthode objective. L'échelle était placée à un mètre du miroir et l'on pouvait évaluer facilement le $\frac{1}{10}$ des divisions en millimètres de l'échelle. Un commutateur permettait de faire la lecture des impulsions de part et d'autre de la position d'équilibre du spot, de façon à se mettre à l'abri des variations possibles du zéro. J'ai pris, chaque fois, la moyenne de quatre lectures.

Intensité du courant qui traverse le solénoïde. — Pour déterminer l'intensité I du courant qui traverse le solénoïde, j'ai employé un ampèremètre qui puisse, sans inconvénients, se placer dans la même salle que l'électro-aimant et qui soit en même temps assez sensible. Je me suis servi, à cet effet, d'un ampèremètre Chauvin et Arnoux de 0 à 3 ampères.

Une division de l'ampèremètre correspond à $0^{\alpha},03$ et, comme on peut évaluer le $\frac{1}{10}$ d'une division, l'intensité du courant est connue avec une approximation de 3 millièmes d'ampère.

J'ai d'ailleurs étalonné cet ampèremètre par la méthode du voltamètre à azotate d'argent.

Voici les résultats obtenus :

Division lue sur l'ampèremètre.	Poids d'argent déposé pendant 10 minutes. (moyenne de 4 déterminations)	Intensité lue.	Intensité calculée.
32^d,2	0 gr., 6479	0^α, 966	0^α, 9658
68^d,5	1 gr., 3785	2 , 055	2 , 055
97^d,1	0 gr., 9762 (en 5 minutes)	2 , 913	2 , 910

J'ajouterai que, suivant l'intensité du champ à mesurer, j'ai fait usage de trois bobines différentes et que j'ai donné à l'intensité I du courant qui traverse le solénoïde des valeurs identiques ou presque identiques à celles pour lesquelles l'ampèremètre a été étalonné. Ces intensités étaient en outre telles que les déviations obtenues au galvanomètre balistique, soit en retirant brusquement la bobine b hors du champ, soit en interrompant le courant dans le solénoïde, avaient des valeurs qui ne différaient pas trop l'une de l'autre. De cette façon, j'étais assuré d'avoir la même sensibilité du galvanomètre et je n'avais pas à tenir compte du décrément logarithmique qui avait la même valeur dans les deux cas.

Données relatives aux bobines. — J'ai employé trois bobines b_1, b_2, b_3 de grandeurs différentes suivant la valeur du champ magnétique à mesurer.

Ces bobines étaient fixées à l'extrémité de tiges de bois permettant de les manier facilement. La mesure de leur diamètre a été faite en déterminant, avec la machine à diviser, le diamètre de la bobine nue puis le diamètre de la bobine recouverte de fil et en prenant la moyenne [1].

Lorsque l'entrefer était suffisamment large, on faisait tourner la bobine de 180° autour d'un axe parallèle au plan des spires. Des butoirs fixes permettaient de limiter la rotation exactement à 180°.

---

[1] Si l'on avait des doutes sur la légitimité de ce mode d'évaluation du diamètre moyen des spires qu'il faut faire entrer dans le calcul de la quantité d'électricité induite, ils seraient levés par ce fait que les mesures du champ ainsi effectuées s'accordent bien avec les mesures faites par la méthode de la spirale de bismuth qui sont indiquées plus loin (p. 31-32).

Dans le cas des entrefers étroits, la bobine était placée toujours exactement au même endroit ; elle était guidée par les entretoises des pièces de bronze placées entre les pièces polaires tronconiques.

La tige à laquelle elle était fixée était maintenue à l'extrémité d'un levier qu'on écartait brusquement hors du champ à un signal donné par l'observateur qui faisait les lectures au galvanomètre balistique.

Voici les données relatives à ces bobines :

Bobine b_1. — Cette bobine était formée de 200 tours de fil de $0^{cm},01$ de diamètre et recouvert de soie.

Diamètre de la bobine nue.	Différences avec la moyenne.	Carrés des différences.
$1^{cm},3818$	$-\ 0,00057$	0,0000003249
1 ,3802	$+\ 0,00103$	0,0000010609
1 ,3825	$-\ 0,00127$	0,0000016129
1 ,3807	$+\ 0,00053$	0,0000002809
1 ,3812	$+\ 0,00003$	0,0000000009
1 ,3810	$+\ 0,00023$	0,0000000529
Moyenne $1^{cm},38123$		$\sum e^2 = 0,0000033334$

$$\text{Erreur probable du résultat (}^1\text{)} = \frac{2}{3}\sqrt{\frac{\sum e^2}{m(m-1)}} = 0,0002$$

Diamètre de la bobine recouverte de fil.	Différences avec la moyenne.	Carrés des différences.
$1^{cm},6198$	$+\ 0,0025$	0,00000625
1 ,6183	$+\ 0,0030$	0,00000900
1 ,6252	$-\ 0,0039$	0,00001521
1 ,6260	$-\ 0,0047$	0,00002209
1 ,6177	$+\ 0,0036$	0,00001296
1 ,6208	$+\ 0,0005$	0,00000025
Moyenne $1^{cm},6213$		$\sum e^2 = 0,00006576$

Erreur probable du résultat = 0,0009.

Diamètre des spires : $d_1 = \frac{1,38123 + 1,6213}{2} = 1^{cm},501$ avec une erreur absolue inférieure à 0,001.

---

(1) Terquem et Damien, Introduction à la Physique expérimentale, p. 77.

Bobine b_2. — Cette bobine avait 50 tours de fil de $0^{cm},01$ de diamètre et recouvert de soie.

Diamètre de la bobine nue.	Différences avec la moyenne.	Carrés des différences.
$0^{cm},4530$	+ 0,00023	0,0000000529
0 ,4511	+ 0,00223	0,0000049729
0 ,4543	— 0,00107	0,0000011449
0 ,4540	— 0,00077	0,0000005929
0 ,4522	+ 0,00103	0,0000010609
0 ,4548	— 0,00157	0,0000024649
Moyenne $0^{cm},45323$		$\sum \varepsilon^2 = 0,0000102894$

Erreur probable du résultat = 0,00038.

Diamètre de la bobine recouverte de fil.	Différences avec la moyenne.	Carrés des différences.
$0^{cm},5536$	— 0,00084	0,0000007056
0 ,5504	+ 0,00236	0,0000055696
0 ,5552	— 0,00244	0,0000059536
0 ,5483	+ 0,00446	0,0000198916
0 ,5568	— 0,00404	0,0000163216
0 ,5523	+ 0,00046	0,0000002116
Moyenne $0^{cm},55276$		$\sum \varepsilon^2 = 0,0000486536$

Erreur probable du résultat = 0,0008.

Diamètre des spires : $d_2 = \frac{0,45323 + 0,55276}{2} = 0^{cm},5029$ avec une erreur absolue inférieure à 0,0008.

Bobine b_3. — Cette bobine était formée de 5 tours de fil de cuivre de $0^{cm},02$ de diamètre, recouvert de soie.

Diamètre de la bobine nue.	Différences avec la moyenne.	Carrés des différences.
$0^{cm},4515$	+ 0,00156	0,0000024336
0 ,4536	— 0,00054	0,0000002916
0 ,4540	— 0,00094	0,0000008836
0 ,4542	— 0,00104	0,0000010816
0 ,4528	+ 0,00026	0,0000000676
0 ,4523	+ 0,00076	0,0000005776
Moyenne $0^{cm},45306$		$\sum \varepsilon^2 = 0,0000053356$

Erreur probable du résultat = 0,00028.

Diamètre de la bobine recouverte de fil.	Différences avec la moyenne.	Carrés des différences.
$0^{cm},5232$	+ 0,00025	0,0000000625
0 ,5248	− 0,00135	0,0000018225
0 ,5226	+ 0,00085	0,0000007225
0 ,5239	− 0,00045	0,0000002025
0 ,5240	− 0,00055	0,0000003025
0 ,5222	+ 0,00125	0,0000015625
Moyenne $0^{cm},52345$		$\sum \varepsilon^2 = 0,0000046750$

Erreur probable du résultat = 0,00026.

Diamètre des spires : $d_3 = \frac{0,45306 + 0,52345}{2} = 0^{cm},4882$ avec une erreur inférieure à 0,0005.

Données relatives au solénoïde CD. — La solénoïde CD était constitué par une seule couche de fil de cuivre de $0^{cm},09$ de diamètre, recouvert de gutta-percha et de soie. L'enroulement a été soigneusement fait sur un cylindre de bois bien dressé.

J'ai mesuré le diamètre de ce cylindre en différents points et obtenu les nombres suivants :

	Différences avec la moyenne.	Carrés des différences.
$3^{cm},650$		
3 ,650		
3 ,642	+ 0,008	0,000064
3 ,648	+ 0,002	0,000004
3 ,650		
3 ,654	− 0,004	0,000016
3 ,654	− 0,004	0,000016
3 ,652	− 0,002	0,000004
Moyenne $3^{cm},650$		$\sum \varepsilon^2 = 0,000104$

Erreur probable du résultat = 0,0008.

La longueur totale du solénoïde = 100cm,2 (erreur absolue : 0,1).

Nombre de spires 460.

On en déduit, pour le nombre de tours par centimètre :

$$\nu = \frac{460}{100,2} = 4,590 \text{ (erreur absolue } < 0,001).$$

L'épaisseur du fil avec son enveloppe isolante est donc :

$$e = \frac{1}{4,590} = 0^{cm},217 \text{ (erreur absolue } < 0,001).$$

Nous aurons le diamètre des spires du solénoïde en ajoutant cette valeur au diamètre du cylindre nu, ce qui donne

$$D = 3^{cm},050 + 0^{cm},217 = 3^{cm},867.$$

avec une erreur absolue inférieure à 0,002.

J'ai d'ailleurs vérifié que l'enroulement du solénoïde était bien uniforme en mesurant, avec le compas d'épaisseur, en différents endroits, la distance de 50 tours et de 20 tours.

Voici les nombres obtenus :

Distance de 50 tours.	Distance de 20 tours.
10cm,88	4cm,34
10 ,90	4 ,36
10 ,89	4 ,38
10 ,91	4 ,37
10 ,90	4 ,3[illegible]
10 ,88	4 ,36
Moyenne 10cm,893	Moyenne 4cm,356

Ces valeurs donnent d'ailleurs pour ν les nombres :

4,590 et 4,591

Données relative à la bobine B. — La bobine B est formée de 222 tours de fil de cuivre de $0^{cm},02$ de diamètre, recouvert de soie.

Voici les données relatives à cette bobine :

Diamètre de la bobine nue.	Différences avec la moyenne.	Carrés des différences.
$4^{cm},712$	— 0,0019	0,00000361
4 ,715	— 0,0049	0,00002401
4 ,708	+ 0,0021	0,00000441
4 ,710	+ 0,0001	0,00000001
4 ,707	+ 0,0031	0,00000961
4 ,709	+ 0,0011	0,00000121
Moyenne $4^{cm},7101$		$\sum e^2 = 0,00004286$

Erreur probable du résultat = 0,0007.

Diamètre de la Bobine recouverte de fil.	Différences avec la moyenne.	Carrés des différences.
$5^{cm},088$	+ 0,004	0,000016
5 ,095	— 0,003	0,000009
5 ,096	— 0,004	0,000016
5 ,090	+ 0,002	0,000004
5 ,089	+ 0,003	0,000009
5 ,094	— 0,002	0,000004
Moyenne $5^{cm},092$		$\sum e^2 = 0,000058$

Erreur probable du résultat = 0,0008.

Diamètre des spires : $D' = \frac{4,710 + 5,092}{2} = 4^{cm},901$ (erreur probable = 0,0008).

3° — LIMITE SUPÉRIEURE DE L'ERREUR COMMISE DANS LA DÉTERMINATION DES CHAMPS MAGNÉTIQUES.

Cherchons, par exemple, la limite supérieure de l'erreur commise dans la détermination d'un champ voisin de 30 000 gauss.

Ce champ est donné par la formule

$$\mathcal{H} = \frac{N D^2 \left(1 - \frac{D'^2}{2 l^2}\right)}{n d^2} \frac{4\pi\nu I}{10} \frac{\delta}{\delta'}.$$

Nous avons employé la bobine b_3. Les élongations obtenues au galvanomètre balistique, en retirant brusquement cette bobine du champ, ont été les suivantes :

161
161,3
161,4
161,1

Moyenne 161,2 avec une erreur probable de 0,06.

Les élongations obtenues en interrompant dans le solénoïde CD un courant d'intensité I = 2,913 ampères ont été :

250,1
250,4
250,2
250,5

Moyenne 250,3 avec une erreur probable de 0,06.

Nous avons dès lors les données suivantes :

		Limite supérieure des erreurs relatives.
N = 222		
D = 3cm,867	D^2 = 14,953.........	0,0010
n = 5		
d = 0cm,4882	d^2 = 0,2383.........	0,0022
D' = 4cm,901	D'^2 = 24,0198........	0,0004
l = 100cm,2	l^2 = 10040,04.......	0,0020
	π = 3,1416.........	0,0001
	ν = 4,590..........	0,0002
	I = 2,913..........	0,0010
	δ = 161,2..........	0,0004
	δ' = 250,3..........	0,0003
		0,0076

Il en résulte que

$$\mathcal{H} = 30\,098,$$

avec une erreur relative certainement inférieure à 76 dix-millièmes et par conséquent une erreur absolue qui, dans les conditions les plus défavorables, ne dépasserait pas 228 unités.

4° — VÉRIFICATIONS DE LA MÉTHODE.

Pour m'assurer qu'il n'y avait pas eu d'erreurs dans la détermination des champs magnétiques, il m'a paru utile de contrôler par plusieurs procédés, quelques-uns des résultats obtenus par la méthode d'induction.

A cet effet, j'ai mesuré des champs bien constants inférieurs à 5 000 gauss, à la fois par la méthode précédente et par la méthode de M. Cotton [1] et des champs bien constants supérieurs à 5 000 gauss par la méthode d'induction et par la méthode de la spirale de bismuth.

Voici les résultats de ces comparaisons :

$\mathcal{H}$ (Cotton).	$\mathcal{H}$ (méthode d'induction).
729	742
1338	1356
2418	2446
3699	3713
4238	4224

En déterminant la résistance R_0 d'une spirale de bismuth hors du champ, sa résistance R dans le champ à mesurer, on sait que l'intensité du champ magnétique en unités C.G.S. est reliée au rapport $\frac{R - R_0}{R_0}$ par une courbe [2].

Cette méthode, très rapide, donne des résultats suffisamment exacts si l'on a soin de faire les mesures à la même température (19°,2) que celle à laquelle la courbe d'étalonnage a été construite, de n'employer, dans la mesure des résistances, que des courants très faibles et de faire les mesures le plus rapidement possible en ne laissant passer le courant que le temps nécessaire pour faire les lectures au galvanomètre.

---

(1) A. Cotton. Appareil pour la mesure de l'intensité des champs magnétiques. *L'Éclairage électrique* (1900). — *Journal de Physique* (3), t. IX, p. 383.

(2) Cette courbe est généralement fournie par le constructeur.

Voici les résultats de la comparaison de la méthode de la spirale de bismuth et de la méthode d'induction.

$R_0 = 4,10$ ohms.

R	$\frac{R-Ro}{Ro}$	$\mathcal{H}$ (bismuth)	$\mathcal{H}$ (induction)
5,06	0,23	6 000	6 102
5,40	0,31	7 400	7 442
5,73	0,39	8 800	8 752
6,77	0,65	13 175	13 140
8,76	1,13	21 500	21 430
9,60	1,34	25 150	25 200
10,06	1,45	27 050	27 018
10,41	1,54	28 650	28 622
10,84	1,64	30 400	30 312

J'ai également mesuré un même champ :

1° Avec les bobines b_1 et b_2.

2° Avec les bobines b_2 et b_3.

J'ai obtenu des nombres presque identiques comme le montrent les résultats suivants :

Bobine b_1	$\mathcal{H} = 412$
Bobine b_2	$\mathcal{H} = 411$
Bobine b_2	$\mathcal{H} = 4224$
Bobine b_3	$\mathcal{H} = 4226$

Il existe enfin une autre vérification intéressante :

La théorie indique en effet que, par l'emploi de pièces polaires tronconiques, le champ $\mathcal{H}$ au milieu de l'entrefer est donné par la relation :

$$\mathcal{H} = \mathcal{B} \sin^2\alpha \cos\alpha \log_{nat} \frac{R}{r} + \mathcal{B}\left[1 + \frac{r}{d} - \sqrt{1 + \frac{r^2}{d^2}}\right]$$

La première partie de cette expression est relative aux deux surfaces coniques, la seconde aux bases.

$\mathcal{B}$ désigne l'induction, α le demi-angle au sommet des cônes, R le rayon de la grande base, r le rayon de la petite base des cônes, d la distance de ces petites bases.

En remplaçant les lettres par leur valeur pratique, c'est-à-dire en prenant

$$\mathcal{B} = 20\,000 \text{ (dans le cas de la saturation),}$$
$$\alpha = 60°30' \quad R = 4^{cm} \quad r = 0^{cm},3 \quad d = 0^{cm},33\,;$$

on obtient :

$$\mathcal{H} = 19\,200 + 11\,160 = 30\,360$$

La méthode d'induction m'a donné, pour le champ maximum :

$$\mathcal{H} = 30\,312.$$

La concordance est, comme on le voit, très grande.

5° — MESURE DES FORCES ÉLECTROMOTRICES D'AIMANTATION.

Les forces électromotrices étaient mesurées par la méthode de compensation en employant comme appareil de zéro un électromètre capillaire de M. Lippmann sensible au dix-millième de volt et le dispositif classique de M. Bouty.

Un élément Daniell D de grande surface (fig. 4) est relié à deux boites de résistances A et B étalonnées de 11 110 ohms chacune. On débouche dans la boîte B un nombre d'ohms égal à 10 000 fois la valeur de la force électromotrice du Daniell exprimée en volts, (si par exemple la force électromotrice du Daniell est 1,08 volts on débouche 10 800 ohms), en laissant toutes les chevilles en place dans la boîte A. La pile P, dont on cherche la force électromotrice, est placée en opposition avec l'élément Daniell ; elle communique avec l'électromètre et l'une des bornes de la boîte A par l'intermédiaire d'un commutateur C. Ce commutateur est formé d'un bloc de paraffine dans lequel on a creusé quatre trous que l'on remplit de mercure et que l'on peut faire communiquer l'un avec l'autre par l'intermédiaire de ponts métalliques formés d'un fil de cuivre de $0^{cm},2$ de diamètre recourbé deux fois à angle droit et dont la branche horizontale traverse un disque d'ébonite ou un bouchon de liège au moyen duquel on peut les manier facilement.

Un fil de cuivre GE permet de relier le mercure du tube de l'électromètre capillaire au mercure du vase inférieur lorsque l'appareil ne fonctionne pas. Ce fil traverse un petit cube de paraffine G au moyen duquel on peut interrompre, à la main, la communication tout en le laissant parfaitement isolé. Cette précaution est indispensable.

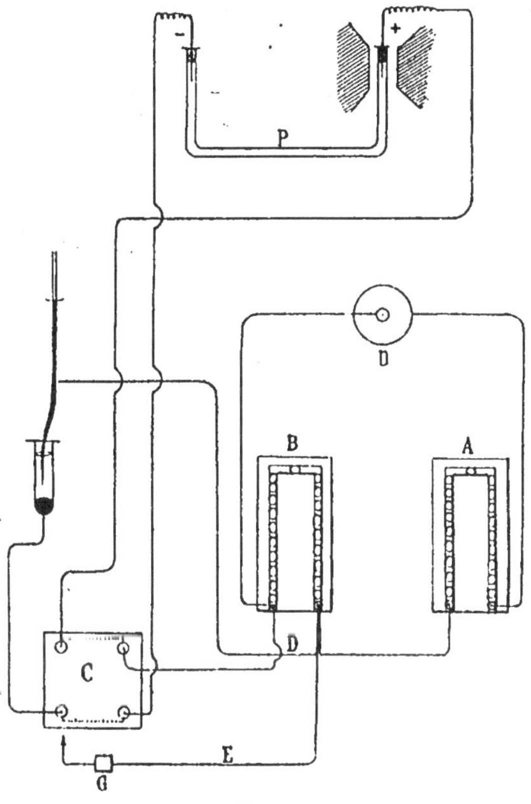

FIG. 4.

Lorsqu'on veut mesurer la force électromotrice d'aimantation, on commence par s'assurer que la pile P et l'élément Daniell sont bien en opposition, puis on enlève des chevilles en A et on les ajoute en B jusqu'à ce que le mercure du tube de l'électromètre capillaire reste à son zéro. On s'assure d'ailleurs de temps en temps que l'immobilité de la surface du mercure dans le tube n'est pas due à une inertie quelconque en diminuant par exemple de 1 ohm la résistance de la boîte A. Le mercure doit bouger nettement dans le champ du microscope.

Si r désigne la somme des résistances qui ont été débouchées dans la boîte A, la force électromotrice de la pile P est égale à $r \times 10^{-4}$ volts.

La force électromotrice de l'élément Daniell pris comme étalon ne varie guère, comme on le sait, avec la température. Mais elle varie un peu avec la concentration des solutions et leur pureté. Il est donc indispensable de contrôler de temps à autre la force électromotrice de cette pile en la comparant à la force électromotrice d'un étalon Latimer Clark par exemple. J'ai employé, pour cela, la méthode de FUCHS qui m'avait donné d'excellents résultats dans un travail antérieur fait en collaboration avec M. VAN AUBEL ([1]).

J'ai trouvé, le plus souvent, que la force électromotrice de l'élément Daniell était $1^v,1009$, en prenant pour force électromotrice du Latimer Clark :

$$\mathcal{E} = 1^v,4342\,[1 - 0,000755\,(t - 15^\circ)].$$

Je débouchais, par conséquent, dans la boîte B, 11 009 ohms et je marquais sur la boîte A les chevilles correspondant aux résistances de la boîte B qui n'avaient pas été enlevées.

Il y avait toujours, au début, une *force électromotrice parasite* de sens et d'intensité essentiellement variables. Les électrodes étaient préparées le soir et les expériences faites le lendemain. Presque toujours, surtout avec le fer et les aciers, la force électromotrice parasite avait pris une valeur qui restait bien constante pendant toutes les mesures effectuées à une même température.

J'ai pris pour la mesure de la force électromotrice d'aimantation, la force électromotrice obtenue lorsque l'électro-aimant était excité, diminuée de la force électromotrice parasite. Je ferai remarquer que c'est grâce à l'emploi de l'électromètre capillaire, qui introduit une résistance considérable dans le circuit, que la force électromotrice parasite peut prendre une valeur constante.

([1]) ED. VAN AUBEL et R. PAILLOT. Sur la mesure des températures par les couples thermo-électriques (*Archives des Sciences physiques et naturelles de Genève*) (5), t. 33, p. 143.

B. C. DAMIEN et R. PAILLOT. Traité de manipulations de Physique, p. 370.

6° — OBTENTION DES TEMPÉRATURES CONSTANTES.

Pour étudier la variation de la force électromotrice d'aimantation avec la température, il était nécessaire de maintenir constante la température de la pile. J'y suis parvenu en employant le dispositif suivant:

L'eau d'un réservoir A (fig. 5), que l'on peut placer à des hauteurs variables, passe à travers un serpentin B formé d'un tube de cuivre de

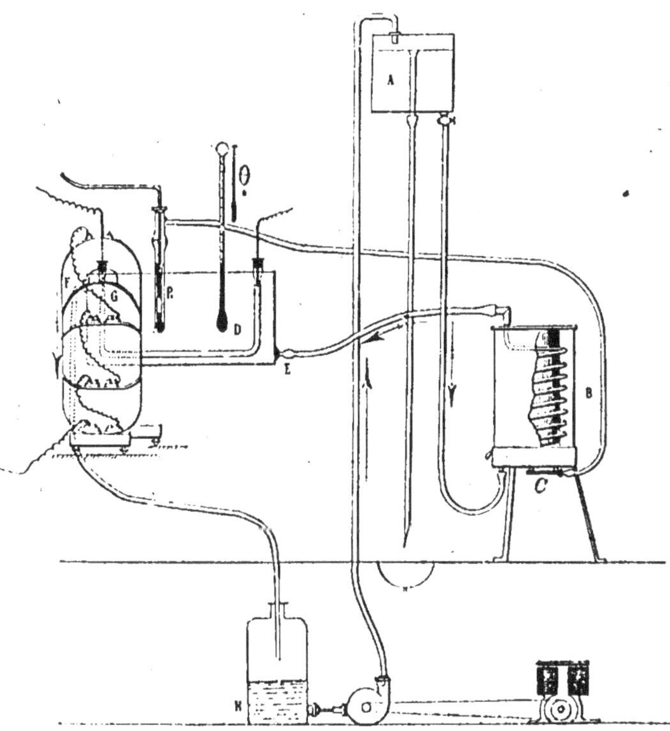

Fig. 5.

$3^m,50$ de longueur situé dans l'intervalle de deux cylindres concentriques. Le cylindre intérieur est muni d'un fond de cuivre ; le cylindre extérieur est nickelé et poli. L'eau qui circule dans le serpentin est chauffée par une couronne C de flammes de gaz ou, au besoin, par un brûleur Bunsen à plusieurs becs. Cette eau, qui sort du serpentin par le haut, circule alors dans une boîte en laiton de 1 litre et demi de capacité environ dans laquelle elle entre par une tubulure inférieure E et sort par la tubulure supérieure F. Cette boîte a 35^{cm} de largeur, 20^{cm} de hauteur. La section a la forme indiquée dans la figure 6. Elle est munie d'un couvercle de bois dans lequel sont percés différents trous. Le tube de verre recourbé qui constitue la pile

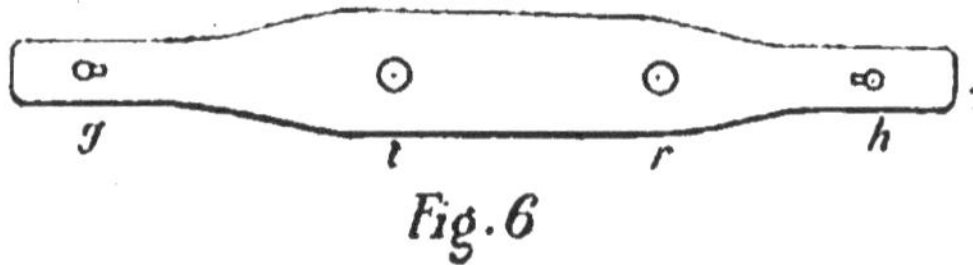

Fig. 6

est fixé dans les trous *g*, *h* au moyen de chevilles de bois ; ses extrémités seules sortent de la boîte. Un thermomètre T au $\frac{1}{10}$ de degré, étalonné par le « Physikalisch-technische Reichsanstalt » de Berlin est fixé dans l'ouverture *t*. Les lectures sont faites au moyen d'un cathétomètre. Un thermomètre θ, au degré, placé près de la tige du thermomètre T permet de faire les corrections relatives à la colonne de mercure située hors du bain.

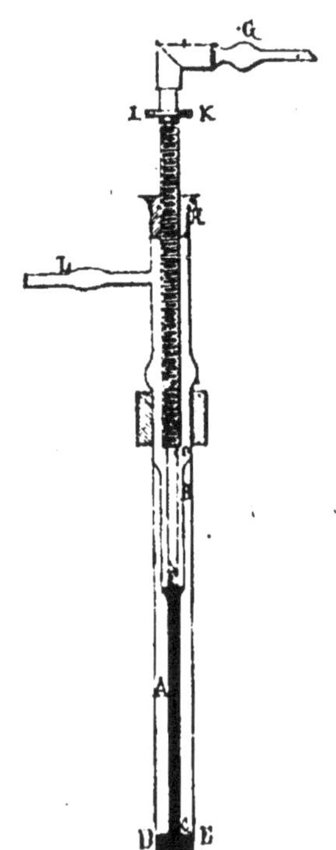

Fig. 7.

Un thermorégulateur R est fixé dans l'ouverture *r*. Cet appareil, très sensible, se compose d'un réservoir d'air A (fig. 7) dans lequel est placé un tube élargi vers le haut, aminci vers le bas. Une certaine quantité de mercure est placée dans ce réservoir, y occupe le niveau D E et monte d'une certaine quantité dans le tube central.

Le gaz arrive en G par un tube métallique dont une partie, en forme de vis, pénètre plus ou moins dans un bouchon H lorsqu'on tourne le disque moletté IK. La partie inférieure de ce tube métallique est amincie et terminée en biseau. Le gaz sort par cette partie inférieure et se rend à l'appareil de chauffage par la tubulure L.

Lorsque la température augmente, le niveau F du mercure dans le tube central s'élève et vient boucher peu à peu l'ouverture en biseau du tube métallique. Le gaz ne peut alors sortir que par une petite ouverture *o* qui permet de conserver, en veilleuse, la rampe de becs de gaz. On règle ainsi la hauteur de la flamme dans la rampe C (fig. 5).

L'eau qui sort par la tubulure F de la boîte en laiton, se rend dans un récipient H d'où une petite pompe rotative P mue par un moteur électrique de faible puissance (que deux accumulateurs suffisent à actionner), la fait remonter dans le réservoir supérieur A. C'est donc toujours la même eau qui circule dans les différents appareils et l'on parvient ainsi à avoir une circulation d'eau à température bien constante. On obtient d'ailleurs à volonté telle température que l'on désire soit en augmentant ou diminuant la vitesse du courant d'eau et cela en plaçant le réservoir A à des hauteurs différentes et faisant varier la vitesse du moteur électrique, soit en enfonçant ou relevant plus ou moins le tube métallique du régulateur de température. On obtient ainsi, entre 12° et 50°, une température constante à $\frac{1}{10}$ de degré près aussi longtemps qu'on le désire. Pour des températures supérieures à 50° le réglage est plus difficile. On arrive cependant à régler cette température à $\frac{2}{10}$ de degré près jusqu'à 75° environ.

Pour obtenir des températures inférieures à 12°, le mieux, quand on le peut, est de profiter pendant l'hiver des basses températures de l'eau de la ville. On peut également placer dans le vase B des morceaux de glace. On arrive ainsi à des températures suffisamment constantes.

7°. — PRÉCAUTIONS PARTICULIÈRES.

Toutes les parties de l'appareil doivent être soigneusement isolées, précaution indispensable pour obtenir des résultats concordants.

Les boîtes de résistance, la pile Daniell étaient placées sur des blocs de paraffine. Les fils de communication étaient fixés sur des tiges de verre implantées elles-mêmes dans des blocs de paraffine.

Les extrémités du tube recourbé constituant la pile étaient enduites extérieurement soit de paraffine, soit de diélectrine. Il en était de même du couvercle de la boîte en laiton dans laquelle se trouvait la pile. Cette boîte elle-même était soigneusement isolée ; elle ne touchait l'électro-aimant en aucun point.

L'extrémité du tube recourbé qui devait être placée dans le champ magnétique était étirée au chalumeau (fig. 8) de façon que son diamètre extérieur soit inférieur à $0^{cm},33$ dans le cas où l'on opérait dans un entrefer ayant cette largeur.

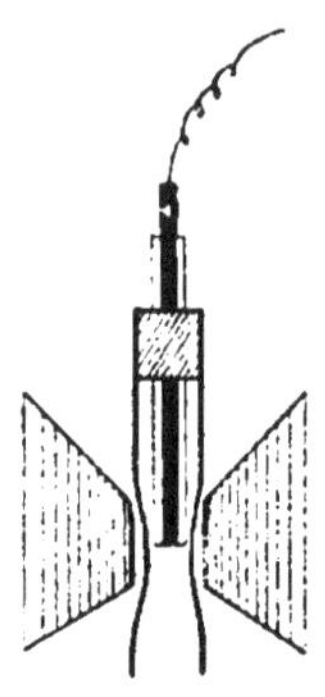

Fig. 8.

Les électrodes à la Wollaston étaient formées en introduisant le métal dans un tube de verre à parois épaisses, chauffant fortement l'une des parties, et étirant ensuite lentement dans la flamme du chalumeau de façon que le verre adhère bien au métal et ait en outre une surface extérieure aussi régulière que possible.

Ces électrodes étaient solidement fixées dans le tube recourbé soit au moyen de petits bouchons de liège, soit au moyen de diélectrine. Il arrivait parfois que, dans les champs intenses et avec le fer où les aciers, la partie du tube recourbé située dans le champ était attirée vers l'un des pôles de l'électro-aimant. Ce choc faisait varier la force électromotrice parasite et pour éviter cet inconvénient il était souvent nécessaire d'interposer entre le tube et les pôles de l'électro-aimant une couche isolante de paraffine ou de diélectrine.

Avant d'introduire les électrodes dans le tube recourbé on polissait l'extrémité, d'abord sur une meule ordinaire, puis sur du papier d'émeri très fin. On attendait au moins une demi-heure après le dernier polissage avant de mettre en place les électrodes.

Le liquide dans lequel plongeaient les électrodes était le plus généralement formé d'eau distillée privée d'air par ébullition et dans laquelle on ajoutait de petites quantités d'acide acétique cristallisable (deux gouttes dans 100^{cc} d'eau) ou d'acide oxalique (deux gouttes d'une solution saturée dans 100^{cc} d'eau).

DEUXIÈME PARTIE

RÉSULTATS

CHAPITRE I.

RECHERCHES SUR LE FER DOUX

J'ai opéré sur divers échantillons de fer doux. L'un d'eux, qui m'a été fourni par la maison Vogel de Berlin, ne renfermait que des traces de carbone. Un grand nombre des résultats que j'indique ont été obtenus avec cet échantillon.

1° — ÉTUDE DU FER DANS DES CHAMPS MAGNÉTIQUES INFÉRIEURS A 7 000 GAUSS.

Je donnerai d'abord, dans le but de les comparer avec les résultats de M. HURMUZESCU, quelques-unes des déterminations faites avec des champs magnétiques inférieurs à 7 000 gauss. A moins d'indications contraires, toutes les expériences ont été effectuées avec des électrodes à la Wollaston de $0^{cm},05$ de diamètre, le fil ayant été préalablement recuit. Ces électrodes plongeaient dans de l'eau distillée, privée d'air par une ébullition prolongée et additionnée d'acide acétique (deux gouttes dans $100^{cc.}$ d'eau). Les champs magnétiques sont exprimés en unités C. G. S. et les forces électromotrices en volts.

a) — *Fer doux pur.* — (Courbe 1, fig. 9, p. 42).

$\mathcal{H}$	$\mathcal{E}$
412	11 × 10^{-4} volts
742	19,5 »
1 031	26 »
1 460	34 »
1 718	39 »
2 022	48,5 »
2 446	59 »
3 106	73,5 »
3 743	87,5 »
4 549	102,2 »
5 000	111 »
5 488	121 »
6 102	128 »
7 242	146 »
1 031	26 »

b) — *Fer doux renfermant 0,11 °/₀ de carbone* [1]. (Courbe 2, fig. 9, p. 42).

$\mathcal{H}$	$\mathcal{E}$
742	14 × 10^{-4} volts
1 031	21,5 »
1 448	32 »
1 727	37,2 »
2 040	49 »
2 446	68 »
3 106	94 »
3 743	112 »
4 532	127,5 »
5 040	131 »
5 480	138 »
6 102	143 »
7 242	153 »
1 031	22 »

(1) Les analyses de la plupart des échantillons de fer et d'acier que j'ai employés ont été faites avec une rare compétence par M. Guénez, chimiste en chef du laboratoire du Ministère des finances. Je suis heureux de lui adresser mes bien sincères remerciements.

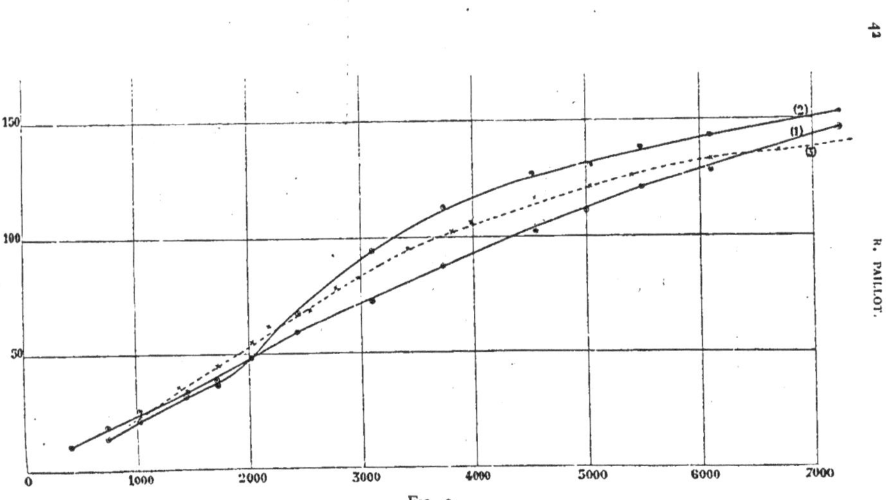

Fig. 9.

M. HURMUZESCU (¹), en opérant dans des conditions semblables (fils de fer de $0^{cm},05$ de diamètre — eau acidulée par l'acide acétique), avait obtenu les nombres suivants : (Courbe 3, fig. 9, p. 42).

$\mathcal{H}$	$\mathcal{E}$
916	20 × 10^{-4} volts
1 039	25 »
1 373	36 »
1 733	45 »
2 036	55 »
2 183	62 »
2 556	69 »
2 772	79 »
2 981	83 »
3 422	95 »
3 812	102 »
3 985	106 »
4 548	117 »
5 041	121 »
5 414	126 »
6 105	133 »
6 697	137 »
7 320	140 »

L'accord entre ces différents résultats est, comme on le voit, très satisfaisant surtout si l'on tient compte de ce fait que les conditions expérimentales et les échantillons employés n'étaient certainement pas identiques.

2° — EXPÉRIENCES DANS DES CHAMPS INTENSES.

a) — *Fer doux pur.*

(Courbe 1, fig. 10, p. 44).

(¹) Dʳ HURMUZESCU. *Archives des Sciences physiques et naturelles de Genève*, (4), t.5, p. 42.

300
200
100
0
1000
5000
10.000
15.000
20.000
25000
30000
(1)
(2)
(3)
(4)
(5)
(6)
(7)
(8)
(9)

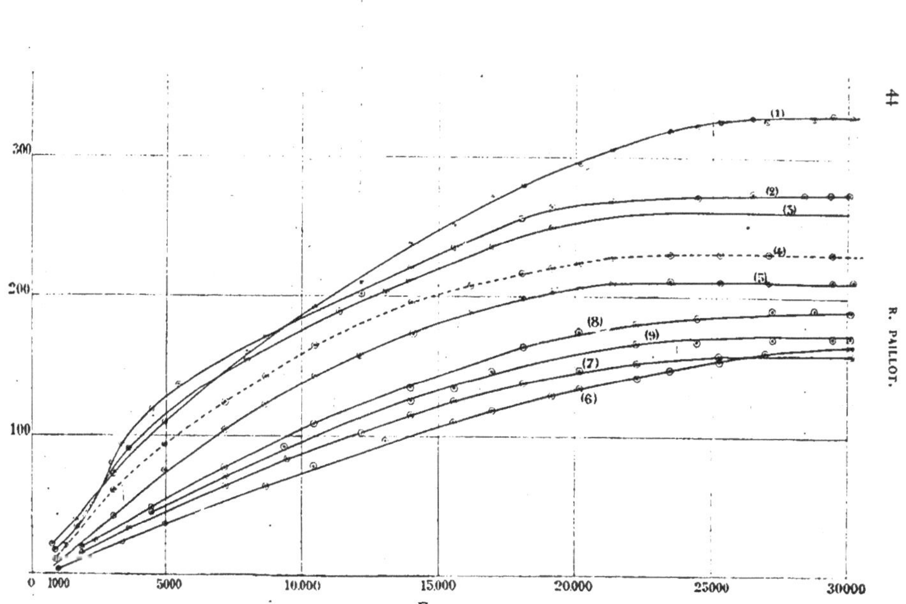

Fig. 10.

Le fer pur m'a donné les résultats suivants :

Système monté depuis 20 heures, $t = 18°$.

$\mathcal{H}$	$\mathcal{E}$
804	22 × 10-4 volts
1 698	40 »
3 106	74 »
5 000	110 »
8 712	171 »
10 504	192 »
12 193	210 »
14 040	239 »
15 602	252,5 »
17 043	272 »
18 154	281 »
20 210	298 »
21 432	307 »
23 492	320 »
24 500	324 »
25 349	328 »
26 505	330 »
27 018	328 »
28 886	330 »
29 510	332 »
30 187	330 »
10.485	190 »

Ces nombres montrent immédiatement que la force électromotrice d'aimantation n'augmente pas indéfiniment, mais tend vers une limite qui, dans le cas actuel, est de 330 × 10-4 volts pour un champ magnétique un peu supérieur à 25 000 gauss.

b) — *Influence du temps.*

Le système précédent est resté formé trois jours et demi (exactement 90 heures). Il m'a donné alors les nombres suivants :

$\mathcal{H}$	$\mathcal{E}$
804	22 × 10-4 volts
1 698	39 »
3 020	74 »
5 000	111 »
8 712	170 »
10 500	190 »

$\mathcal{H}$	$\mathcal{E}$
12 180	209 × 10^{-4} volts
17 040	272 »
20 210	299 »
23 492	320 »
24 500	325 »
26 500	330 »
27 018	330 »
28 886	331 »
29 510	330 »
30 187	330 »
10 500	190 »

Les nombres obtenus sont très concordants, même quand la pile est restée formée pendant plusieurs jours. Ce résultat, que j'ai eu l'occasion de vérifier a différentes reprises, a une grande importance au point de vue de l'étude de la variation de la force électromotrice d'aimantation avec la température car ces expériences sont souvent fort longues et nécessitent des journées entières pour être menées à bonne fin.

c) — *Influence de la nature de l'échantillon.*

Voici les résultats obtenus avec des échantillons de fer aussi différents que possible.

Fer doux (0,11 °/₀ de carbone) $t = 17°$. (Courbe 2, fig. 10, p. 44).

$\mathcal{H}$	$\mathcal{E}$
928	18 × 10^{-4} volts
1 690	35 »
2 998	81 »
3 427	94 »
4 549	120 »
5 483	137 »
8 028	164 »
10 504	188 »
12 180	202 »
14 066	221 »
15 602	236 »
18 150	256 »
19 226	265 »
21 430	269 »
24 500	272 »
26 510	275 »

$\mathcal{H}$	$\mathcal{E}$
27 050	275 × 10^{-4} volts
28 384	274 »
29 472	275 »
30 098	275 »
10 504	185 »

Fer ordinaire (0,25 % de carbone) $t = 18°$. (Courbe 3, fig. 10, p. 44).

$\mathcal{H}$	$\mathcal{E}$
928	11 × 10^{-4} volts
1 356	21 »
1 718	35 »
2 250	53 »
2 998	75 »
3 743	91 »
4 549	107 »
5 488	124 »
8 040	155 »
10 500	180 »
11 438	189 »
13 110	203 »
14 066	211 »
15 602	225 »
16 271	230 »
17 043	237 »
19 226	250 »
21 442	259 »
24 500	262 »
26 500	260 »
27 050	261 »
28 400	261 »
29 472	260 »
30 098	261 »
10 500	178 »

En comparant les courbes 1, 2 et 3 de la figure 10 on voit que l'allure de ces courbes est la même et que, seule, la limite vers laquelle tend la force électromotrice d'aimantation varie un peu avec la nature de l'échantillon. Il semble que plus le fer est pur et plus cette limite est élevée.

d) — *Influence de la nature de l'acide.*

J'ai signalé précédemment que les résultats les plus nets et les plus constants étaient obtenus avec l'acide acétique ou l'acide oxalique.

Avec les autres acides, la force électromotrice parasite du début est moins constante et met un temps plus long à prendre une valeur définitive. Je me suis cependant proposé de chercher si la limite vers laquelle tend la force électromotrice d'aimantation varie beaucoup avec la nature de l'acide. J'ai employé, à cet effet, les acides acétique, oxalique, tartrique et citrique en solutions très diluées.

Voici les résultats obtenus avec le fer pur pour des champs voisins de 25 000 et de 30 000 gauss à la température de 18°. J'ai fait, sur chaque acide, cinq expériences à une heure d'intervalle environ.

	$\mathcal{H} = 24\,940$	$\mathcal{H} = 30\,120$
Acide acétique	$\mathcal{E} = 328 \times 10^{-4}$ volts	$\mathcal{E} = 330 \times 10^{-4}$ volts
	329 »	331 »
	330 »	330 »
	329 »	330 »
	330 »	330 »
	Moyenne $329{,}2 \times 10^{-4}$ volts	Moyenne $330{,}2 \times 10^{-4}$ volts
Acide tartrique	$\mathcal{E} = 339 \times 10^{-4}$ volts	$\mathcal{E} = 340 \times 10^{-4}$ volts
	342 »	346 »
	344 »	344 »
	340 »	345 »
	341 »	345 »
	Moyenne $341{,}2 \times 10^{-4}$ volts	Moyenne 344×10^{-4} volts
Acide oxalique	$\mathcal{E} = 350 \times 10^{-4}$ volts	$\mathcal{E} = 355 \times 10^{-4}$ volts
	351 »	354 »
	351 »	355 »
	350 »	354 »
	351 »	354 »
	Moyenne $350{,}6 \times 10^{-4}$ volts	Moyenne $354{,}4 \times 10^{-4}$ volts
Acide citrique	$\mathcal{E} = 315 \times 10^{-4}$ volts	$\mathcal{E} = 325 \times 10^{-4}$ volts
	320 »	328 »
	314 »	322 »
	322 »	326 »
	325 »	326 »
	Moyenne $319{,}2 \times 10^{-4}$ volts	Moyenne $325{,}4 \times 10^{-4}$ volts

Ce tableau montre que la limite vers laquelle tend la force électromotrice d'aimantation varie avec la nature de l'acide mais dans des limites qui ne sont pas très étendues.

e) — *Influence de la concentration de l'acide.*

J'ai opéré sur diverses solutions d'acide acétique dans l'eau distillée.

Une première solution renfermait 0gr.,0943 (cinq gouttes) d'acide acétique cristallisable dans 100c/c d'eau distillée.

Une deuxième solution était formée en étendant à 500c/c la première solution.

Enfin une troisième solution était formée en prenant 100 c/c de la deuxième et étendant à 500 c/c.

Le tableau suivant donne les résultats obtenus avec ces trois solutions et le fer doux pur. $t = 17°$.

	1re Solution	2e Solution	3e Solution
$\mathcal{H}$	$\mathcal{E}$	$\mathcal{E}$	$\mathcal{E}$
928	22 × 10-4 volts	21 × 10-4 volts	21 × 10-4 volts
1 356	33 »		
1 460		34 »	34 »
1 6[illegible]0		41 »	
1 718			43 »
1 832	43 »	43 »	
2 2[illegible]0	50 »		50 »
2 446			50 »
3 980	71 »		
3 000		71 »	
4 549	79 »	80 »	805 »
5 384	113 »	112 »	
5 488			113 »
7 242	148 »		149 »
9 500		180 »	181 »
12 752	217 »	218 »	217 »
14 008	235 »		236 »
17 036		274 »	276 »
18 150	280 »		
19 226	280 »	280 »	
20 200		297 »	294 »
21 430	307 »		306 »
22 324	312 »	314 »	
23 400		320 »	320 »
24 529	326 »		
25 349	329 »	328 »	329 »
26 505	330 »	331 »	330 »
27 712		330 »	
28 886	331 »	330 »	331 »
29 014	330 »		329 »
29 998	330 »	332 »	
30 160	330 »		
30 186		330 »	330 »
4 549	78 »	80 »	81 »

On voit donc que, dans les limites où j'ai opéré, la concentration n'a pas d'influence sensible sur le résultat.

Dans les expériences que j'ai faites avec des concentrations plus fortes, j'ai remarqué que la force électromotrice d'aimantation augmentait généralement avec la concentration de l'acide mais que les résultats étaient, par contre, beaucoup moins réguliers.

f) — *Influence du sens de la force électromotrice parasite.*

Le sens de la force électromotrice parasite n'est pas toujours le même. L'électrode placée entre les branches de l'électro-aimant peut être, avant l'excitation de l'électro-aimant, soit positive soit négative par rapport à l'électrode située au dehors. Lorsque la force électromotrice parasite $\mathcal{E}_0$ est *négative* (c'est-à-dire lorsque l'électrode dans le champ est primitivement négative par rapport à l'électrode située hors du champ), cette force électromotrice diminue en valeur absolue lorsqu'on produit le champ magnétique. Pour un champ suffisamment intense elle s'annule puis devient positive. Voici par exemple les résultats d'expériences faites sur des électrodes de fer pur. Dans la première série, la force électromotrice parasite était positive ; dans la seconde elle était négative.

	1re Série		
$\mathcal{H}$	$\mathcal{E}_0$	$\mathcal{E}_1$	$\mathcal{E} = \mathcal{E}_1 - \mathcal{E}_0$
621	+ 35 × 10^{-4} volts	+ 52 × 10^{-4} volts	17 × 10^{-4} volts
1 194	»	+ 64 »	29 »
2 250	»	+ 87 »	52 »
3 427	»	+ 113 »	78 »
6 633	»	+ 169 »	134 »
10 504	»	+ 228 »	193 »
15 602	»	+ 290 »	255 »
19 226	»	+ 325 »	290 »
24 500	»	+ 360 »	325 »
29 825	»	+ 364 »	329 »
30 254	»	+ 365 »	330 »
1 194	»	+ 63 »	28 »

$\mathcal{H}$	2e Série		
	$\mathcal{E}_0$	$\mathcal{E}_1$	$\mathcal{E} = \mathcal{E}_1 - \mathcal{E}_0$
621	— 54 × 10-4 volts	— 36 × 10-4 volts	18 × 10-4 volts
1 194	»	— 25 »	29 »
2 250	»	— 03 »	51 »
3 427	»	+ 24 »	78 »
6 633	»	+ 80 »	134 »
10 504	»	+ 140 »	194 »
15 602	»	+ 204 »	258 »
19 226	»	+ 235 »	289 »
24 500	»	+ 272 »	326 »
29 825	»	+ 276 »	330 »
30 254	»	+ 276 »	330 »
1 194	»	— 25 »	29 »

On voit que *le sens de la force électromotrice parasite n'a aucune influence sur la valeur de la force électromotrice d'aimantation*. J'ai vérifié ce résultat à différentes reprises.

g) — *Influence des champs croissants ou décroissants.*

Les résultats obtenus lorsqu'on opère avec des champs croissants ou décroissants sont sensiblement les mêmes. Voici, par exemple, un tableau dans lequel les nombres de la première colonne ont été obtenus avec des électrodes de fer pur en commençant par les champs les plus faibles, ceux de la deuxième colonne ont été obtenus avec les mêmes électrodes en commençant par les champs les plus intenses :

$\mathcal{H}$	$\mathcal{E}$	$\mathcal{E}$
1 031	26 × 10-4 volts	26 × 10-4 volts
1 718	40 »	41 »
2 603	61 » ↓	59 » ↑
3 743	84 »	83 »
6 102	126 »	128 »
8 712	170 »	171 »
11 438	204 »	205 »
15 600	250 »	249 »
19 226	290 »	290 »
22 324	315 »	314 »
26 505	328 »	329 »
29 825	330 »	331 »
30 098	331 »	331 »

Il n'y a donc pas, au moins pour le fer doux, de phénomène analogue à l'hystérésis magnétique. J'ai d'ailleurs vérifié, dans chaque série d'expériences, par deux ou trois mesures, que la force électromotrice d'aimantation reprenait très sensiblement la même valeur pour le même champ. J'ai donné, à la fin de chaque tableau, le résultat d'une de ces mesures.

h) — *Variation de la force électromotrice d'aimantation avec la température.*

Lorsqu'on fait varier la température de la pile on constate que la force électromotrice parasite prend une valeur différente pour chaque température. Cette force électromotrice parasite est tantôt positive, tantôt négative et elle met généralement, pour prendre une valeur constante, un temps d'autant plus long que la température est plus élevée. J'ajouterai que lorsque cette force électromotrice est devenue constante on peut être assuré que la température est elle-même parfaitement constante.

Lorsque la température est supérieure à 55° il arrive souvent que, malgré le soin que l'on a pris de priver d'air, par une ébullition prolongée, le liquide dans lequel plongent les électrodes, de petites bulles gazeuses viennent se former sur ces électrodes. Les résultats sont alors très irréguliers et il faut prendre des précautions spéciales pour obvier à cet inconvénient.

Le mieux est de commencer par les températures les plus élevées. On produit une température constante de 70° environ que l'on maintient pendant une heure au minimum. On agite alors les électrodes et l'on attend que la force électromotrice parasite ait pris une valeur bien constante (ce qui exige souvent plusieurs heures). En diminuant ensuite progressivement la température on obtient des résultats parfaitement réguliers.

Je me suis d'ailleurs assuré, par de nombreuses expériences préalables, que les résultats étaient les mêmes soit qu'on opère avec des températures ascendantes, soit qu'on opère avec des températures descendantes.

Voici par exemple les résultats d'une expérience faite avec les électrodes de fer doux à trois températures différentes qui vont d'abord en augmentant puis en diminuant.

$\mathcal{H}$	$\mathcal{E}$ $t = 18^\circ$	$\mathcal{E}$ $t = 33^\circ$	$\mathcal{E}$ $t = 56^\circ$	$\mathcal{E}$ $t = 32^\circ{,}6$	$\mathcal{E}$ $t = 18^\circ$
4 224	99 × 10^{-4} volts	104 × 10^{-4} volts	110 × 10^{-4} volts	105 × 10^{-4} volts	99 × 10^{-4} volts
5 480	120 »	126 »	134 »	125 »	121 »
9 465	184 »	196 »	218 »	194 »	184 »
12 750	226 »	244 »	274 »	246 »	226 »
16 271	270 »	298 »	333 »	298 »	268 »
20 210	310 »	348 »	388 »	347 »	311 »
22 324	330 »	364 »	411 »	363 »	331 »
25 349	345 »	370 »	430 »	377 »	345 »
27 018	348 »	378 »	440 »	378 »	348 »
28 280	349 »	377 »	440 »	377 »	348 »
29 510	349 »	378 »	441 »	378 »	349 »
30 254	350 »	378 »	440 »	377 »	349 »

Les tableaux suivants et les courbes de la figure 11 contiennent les résultats d'une série d'expériences effectuées, à des températures différentes, sur des électrodes de fer doux. Chacune de ces recherches dure au moins quatre jours. Dans la première journée, j'ai obtenu par exemple les forces électromotrices d'aimantation à 12°,2, à 21°,2 et 34°,6. Dans la deuxième journée, après avoir vérifié pour une température voisine de 12°,2 que le système n'avait pas varié, j'ai déterminé les forces électromotrices d'aimantation à 44°,5 et 55°,1. Dans la troisième journée, après une vérification analogue à la précédente, j'ai déterminé les forces électromotrices à 66° et 72°,3. Enfin, dans la quatrième journée, j'ai obtenu les forces électromotrices d'aimantation à 4°.

Je dois signaler que les températures de 4° et de 72°,5 n'étaient pas aussi constantes que les autres; aussi les résultats, pour ces températures, sont-ils un peu moins réguliers.

Pour ne pas compliquer les courbes de la figure 11 (page 54), je n'ai tracé que celles qui sont relatives aux températures de 12°,2 et 66°.

	$\mathcal{H}$	$\mathcal{E}$
$t = 4^\circ$	1 750	41 × 10^{-4} volts
	3 106	74 »
	5 000	107 »
	8 804	106 »

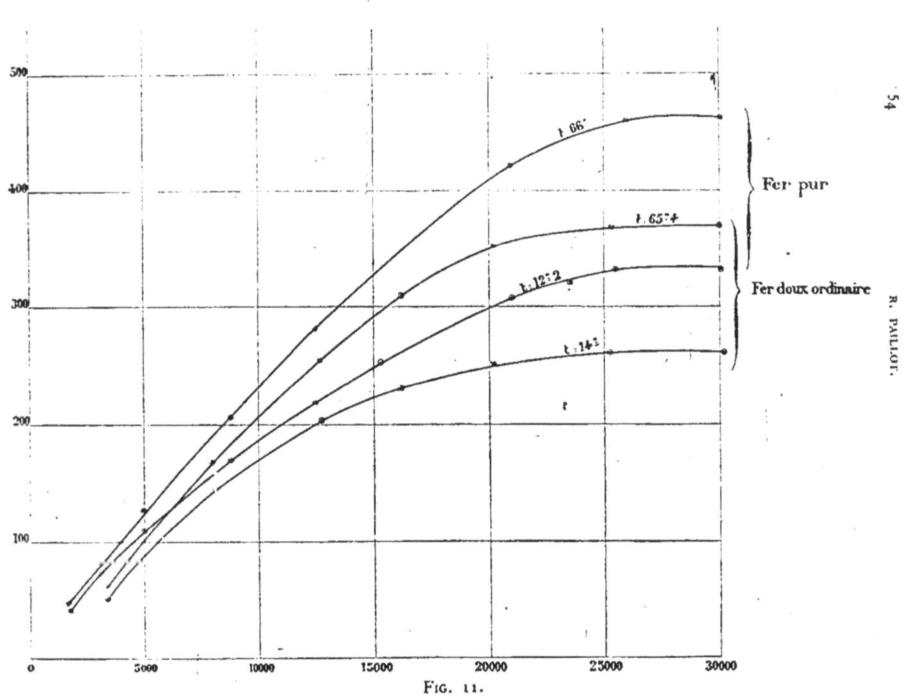

500
400
300
200
100
0
5000
10000
15000
20000
25000
30000
t 66°
t 65°4
t 12°2
t 14°
Fer pur
Fer doux ordinaire

Fig. 11.

	$\mathcal{H}$	$\mathcal{E}$
$t = 4°$	12 561	204 × 10^{-4} volts
	15 352	243 »
	20 968	287 »
	23 492	305 »
	25 550	308 »
	30 098	308 »
	3 106	73 »
$= 12°,2$	1 750	42 »
	3 106	74 »
	5 000	110 »
	8 804	170 »
	12 561	219 »
	15 352	254 »
	20 968	308 »
	23 492	321 »
	25 550	332 »
	30 098	332 »
	3 106	74 »
$t = 21°,2$	1 705	42 »
	3 106	76 »
	5 000	113 »
	8 804	179 »
	12 561	232 »
	15 814	273 »
	20 980	330 »
	25 550	358 »
	30 098	357 »
	3 106	76 »
$t = 34°,6$	1 705	43 »
	3 106	76 »
	4 992	114 »
	8 740	183 »
	12 561	244 »
	15 814	299 »
	20 980	356 »
	25 550	380 »
	30 098	380 »
	3 106	76 »
$t = 44°,5$	1 705	44 »
	3 106	78 »
	4 992	122 »
	8 804	196 »

	$\mathcal{H}$	$\mathcal{E}$
$t = 44°,5$	12 513	261 × 10⁻⁴ volts
	15 500	310 »
	20 980	378 »
	25 900	410 »
	30 020	410 »
	3 106	78 »
$t = 55°,1$	1 705	44 »
	3 106	80 »
	4 992	122 »
	8 804	200 »
	12 513	270 »
	15 500	322 »
	20 980	396 »
	25 900	437 »
	30 020	438 »
	3 106	81 »
$t = 66°$	1 700	48 »
	3 106	82 »
	5 000	127 »
	8 804	206 »
	12 513	282 »
	20 980	422 »
	26 000	460 »
	30 098	462 »
	3 106	80 »
$t = 72°,5$	1 700	49 × 10⁻⁴ volts
	3 106	84 »
	5 000	140 »
	8 804	230 »
	12 513	310 »
	10 271	360 »
	10 226	420 »
	20 500	482 »
	30 020	480 »
	3 106	80 »

On peut, avec ces valeurs, obtenir les courbes qui relient, pour un champ déterminé, la force électromotrice d'aimantation à la température.

On a les résultats suivants :

	t	$\mathcal{E}$
$\mathcal{H} = 1\,700$	4°	40* × 10^{-4} volts
	12°,2	42* »
	21°,2	42 »
	34°,6	43 »
	44°,5	44 »
	55°,1	44 »
	66°	48 »
	72°,5	49 »

Entre 12°,2 et 66° le coefficient moyen de température :

$$\alpha = \frac{\mathcal{E}' - \mathcal{E}}{\mathcal{E}(t' - t)} = 0{,}00265.$$

	t	$\mathcal{E}$
$\mathcal{H} = 3\,100$	4°	74 × 10^{-4} volts
	12°,2	74 »
	21°,2	76 »
	34°,6	76 »
	44°,5	78 »
	55°,1	80 »
	66°	82 »
	72°,5	84 »

Coefficient moyen de température entre 12°,2 et 66° : $\alpha = 0{,}00200$.

	t	$\mathcal{E}$
$\mathcal{H} = 5\,000$	4°	107 × 10^{-4} volts
	12°,2	110 »
	21°,2	113 »
	34°,6	114* »
	44°,5	122* »
	55°,1	122* »
	66°	127 »
	72°,5	140 »

Coefficient moyen de température entre 12°,2 et 66° : $\alpha = 0{,}00295$

* Les chiffres marqués d'un astérisque ont été obtenus d'après les courbes, ils ne sont pas les résultats d'une mesure directe.

$\mathcal{H} = 8\,800$ ....

t	$\mathcal{E}$
4°	166 × 10^{-4} volts
12°,2	170 »
21°,2	179 »
34°,6	183* »
44°,5	196 »
55°,1	200 »
66°	206 »
72°,5	239 »

Coefficient moyen de température entre 12°,2 et 66° : $\alpha = 0{,}00403$.

$\mathcal{H} = 12\,560$ ......

t	$\mathcal{E}$
4°	204 × 10^{-4} volts
12°,2	219 »
21°,2	232 »
34°,6	244 »
44°,5	261* »
55°,1	270* »
66°	282* »
72°,5	310* »

Coefficient moyen de température entre 12°,2 et 66° : $\alpha = 0{,}00574$.

$\mathcal{H} = 15\,350$ ......

t	$\mathcal{E}$
4°	243 × 10^{-4} volts
12°,2	254 »
21°,2	267* »
34°,6	285* »
44°,5	305* »
55°,1	320* »
66°	336* »
72°,5	—

Coefficient moyen de température entre 12°,2 et 66° : $\alpha = 0{,}00600$.

$\mathcal{H} = 21\,000$ ......

t	$\mathcal{E}$
4°	287* × 10^{-4} volts
12°,2	308* »
21°,2	330 »
34°,6	356 »
44°,5	378 »
55°,1	396 »
66°	422 »
72°,5	—

Coefficient moyen de température entre 12°,2 et 66° : $\alpha = 0{,}00687$.

120
100
80
60
40
20
0°
10° 12°
20°
30°
40°
50°
60°
66°
30.100
25.550
21.000
15.330
12.560
8.300
5.000
1.700
Fer pur

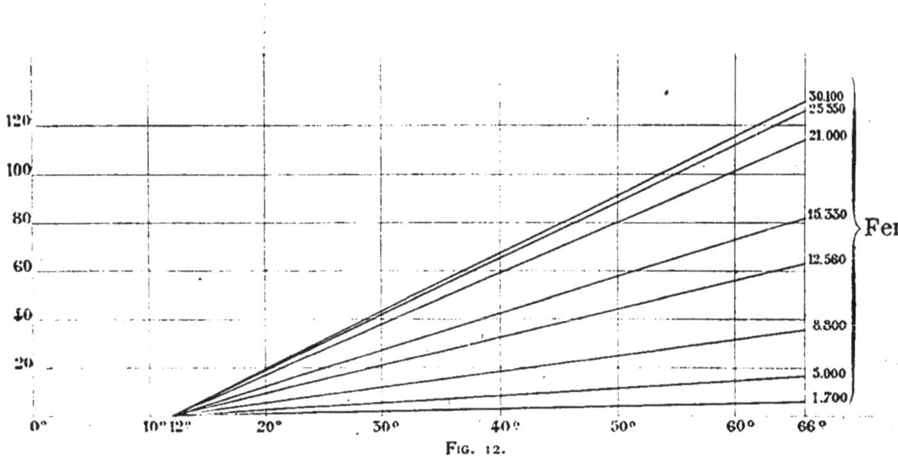

Fig. 12.

	t	$\mathcal{E}$
$\mathcal{H} = 25\,550$......	4°	308 × 10-4 volts
	12°,2	332 »
	21°,2	358 »
	34°,6	380 »
	44°,5	408* »
	55°,1	436* »
	66°	458* »
	72°,5	—

Coefficient moyen de température entre 12°,2 et 66° : $\alpha = 0{,}00705$

	t	$\mathcal{E}$
$\mathcal{H} = 30\,100$......	4°	308 × 10-4 volts
	12°,2	332 »
	21°,2	357 »
	34°,6	386 »
	44°,5	410* »
	55°,1	438* »
	66°	462 »
	72°,5	480* »

Coefficient moyen de température entre 12°,3 et 66° : $\alpha = 0{,}00727$.

Les courbes qui, pour un champ déterminé, relient la force électromotrice d'aimantation à la température, sont sensiblement des lignes droites. L'angle qu'elles forment avec l'axe des températures, calculé entre 12°,2 et 66° (fig. 12, p. 59), va en augmentant avec le champ. Mais cet angle n'augmente pas proportionnellement à l'intensité du champ. Il tend vers une valeur limite qui est atteinte pour $\mathcal{H} = 25\,000$ gauss environ.

Voici quelques-uns des résultats obtenus avec le fer doux ordinaire (0,11 °/₀ de carbone) (fig. 11, p. 54.)

	$\mathcal{H}$	$\mathcal{E}$
$t = 14°$............	3 427	52 × 10-4 volts
	8 028	145 »
	12 750	204 »
	16 271	230 »
	20 210	251 »
	25 340	262 »
	30 186	262 »

	$\mathcal{H}$	$\mathcal{E}$
$t = 39^\circ,8$	3 427	58 »
	8 028	156 »
	12 750	225 »
	16 250	270 »
	20 200	309 »
	25 340	321 »
	30 186	320 »
$t = 65^\circ,4$	3 427	62 »
	8 000	168 »
	12 750	256 »
	16 250	310 »
	20 200	352 »
	25 340	369 »
	30 186	369 »

Pour un champ déterminé, la valeur de la force électromotrice d'aimantation en fonction de la température est donnée par le tableau suivant :

t	$\mathcal{H} = 3\,427$	$\mathcal{H} = 8\,028$	$\mathcal{H} = 12\,750$	$\mathcal{H} = 16\,250$	$\mathcal{H} = 20\,200$	$\mathcal{H} = 25\,340$	$\mathcal{H} = 30\,186$
14°	$\mathcal{E} = 52 \times 10^{-4}$ volts	$\mathcal{E} = 145 \times 10^{-4}$ volts	$\mathcal{E} = 204 \times 10^{-4}$ volts	$\mathcal{E} = 230 \times 10^{-4}$ volts	$\mathcal{E} = 251 \times 10^{-4}$ volts	$\mathcal{E} = 262 \times 10^{-4}$ volts	$\mathcal{E} = 262 \times 10^{-4}$ volts
$39^\circ,8$	58 »	156 »	225 »	270 »	309 »	321 »	320 »
$65^\circ,4$	62 »	168* »	256 »	310 »	352 »	369 »	369 »

On en déduit, pour les coefficients moyens de température entre 14° et $65^\circ,4$, les nombres suivants :

$\mathcal{H}$	α
3 427	0,00374
8 028	0,00308
12 750	0,00495
16 250	0,00676
20 200	0,00782
25 340	0,00794
30 186	0,00794

Conclusions relatives au fer doux.

1° — Il résulte des expériences qui précèdent que, pour une température donnée, *la force électromotrice d'aimantation* n'augmente pas indéfiniment avec le champ mais *tend vers une limite déterminée.*

Nous ne pouvons nous attendre à déduire la force électromotrice d'aimantation de la formule

$$\mathcal{E} = \frac{1}{2\delta} \frac{\mathcal{I}^2}{K}$$

parce que nous ne connaissons pas suffisamment les valeurs de K en fonction de l'intensité d'aimantation.

Les valeurs trouvées directement pour $\mathcal{E}$ en remplaçant les lettres par leur valeur sont toujours incomparablement plus petites que celles que l'on trouve expérimentalement, par exemple mille fois plus petites.

Mais on peut se rendre compte aisément que *le champ* (25.000 gauss environ) *pour lequel la limite expérimentale de la force électromotrice d'aimantation est atteinte pour le fer doux à la température ordinaire correspond à la saturation magnétique.*

On sait, en effet, que dans le cas d'un fil cylindrique indéfini aimanté transversalement la force démagnétisante est constante et égale à $-2\pi\mathcal{I}$.

Le fil sur lequel j'ai opéré a des dimensions finies, mais sa longueur est très grande par rapport à son diamètre et nous pouvons admettre que son intensité d'aimantation est approximativement égale à

$$\mathcal{I} = \frac{K}{1 + 2\pi K} \mathcal{H}.$$

Mais

$$\mu = 1 + 4\pi K.$$

Nous pouvons donc écrire cette relation

$$\mathcal{I} = \frac{1}{2\pi} \frac{\mu - 1}{\mu + 1} \mathcal{H};$$

d'où nous tirons

$$\mathcal{H} = 2\pi\mathcal{I} \frac{\mu + 1}{\mu - 1}.$$

Admettons avec MM. Ewing et Low (¹) que l'intensité d'aimantation maximum pour le fer doux de Suède soit

$$\mathcal{J} = 1\,620 \text{ avec } \mu = 2{,}06$$

nous trouvons

$$\mathcal{H} = 29\,300,$$

résultat qui n'est pas très éloigné de celui qui est fourni par l'expérience directe.

2° *La valeur du champ pour lequel la limite de la force électromotrice d'aimantation est atteinte, varie avec l'échantillon de fer. Elle est d'autant plus petite que l'intensité maximum d'aimantation est elle-même plus petite.* Si nous considérons, par exemple, l'échantillon de fer ordinaire (Courbe 3, fig. 10, voir p. 44), nous voyons que la limite de la force électromotrice d'aimantation est atteinte pour

$$H = 23\,000 \text{ gauss environ.}$$

Or, j'ai pu me procurer un barreau de cet échantillon qui m'a permis, dans un travail dont les résultats ont été publiés en partie (²), de déterminer la perméabilité dans des champs intenses. J'ai employé, pour cela, la « Méthode de l'isthme » et j'ai obtenu les nombres suivants :

Intensité d'aimantation maximum : $\mathcal{J} = 1240$ pour $\mu = 1{,}96$.

On obtient alors

$$\mathcal{H} = 23\,996.$$

Ces nombres sont, comme on le voit, très concordants.

(¹) Ewing et Low. On the magnetisation of Iron and other magnetic metals in very strong Fields. *Philos. Trans.*, t. 180, p. 221 (1889).

(²) R. Paillot. Sur la perméabilité des ferro-nickels dans des champs intenses. *Comptes rendus des séances de l'Académie des Sciences*, t. CXXXII, p. 1180 (1901).

3° *La force électromotrice d'aimantation de fer augmente avec la température.*

La variation est d'autant plus grande que le champ magnétique est plus intense et cela jusqu'à ce qu'on ait atteint la limite de la force électromotrice.

Les courbes qui, pour un champ donné, relient la force électromotrice d'aimantation à la température, sont sensiblement des droites dont l'inclinaison augmente avec l'intensité du champ jusqu'à ce qu'on ait atteint la saturation magnétique.

Enfin, le champ pour lequel la limite de la force électromotrice d'aimantation est atteinte est sensiblement le même pour les températures comprises entre 4° et 66°.

CHAPITRE II.

RECHERCHES SUR LES ACIERS

J'ai étudié la force électromotrice d'aimantation d'un certain nombre d'aciers ordinaires et d'aciers au nickel [1].

Pour ces aciers j'ai constaté que, de même que pour le fer doux, la force électromotrice d'aimantation ne dépend pas du temps, de la concentration de l'acide (dans des limites assez étendues), ni du sens de la force électromotrice parasite, ni enfin du sens de l'aimantation. Elle dépend un peu de la nature de l'acide. Toutes les expériences que je relaterai ont été effectuées avec de l'eau acidulée par de l'acide acétique (2 gouttes dans 100 ^{cc} d'eau distillée).

Mais dans le cas des aciers, la force électromotrice d'aimantation n'est pas la même suivant qu'on opère sur un échantillon vierge ou sur un échantillon qui a déjà été soumis à l'action d'un champ magnétique. L'effet est d'ailleurs plus marqué avec les aciers ordinaires qu'avec les aciers au nickel.

EXPÉRIENCES AVEC DES CHAMPS INFÉRIEURS A 7 000 GAUSS.

Voici quelques résultats obtenus avec des champs inférieurs à 7000 gauss : (Courbes 4 et 5, fig. 13, page 67).

Acier renfermant 0,76 % de carbone.

$\mathcal{H}$	$\mathcal{E}_1$ (acier vierge)	$\mathcal{E}_2$
742	9 × 10^{-4} volts	7 × 10^{-4} volts
1 031	13,5 »	11 »
1 460	24 »	20 »
1 718	30 »	26* »

(1) Les fils d'acier ordinaire sur lesquels j'ai opéré m'ont été fournis par M. BONNIN, ingénieur en chef des Ateliers d'Hellemmes, et les fils d'acier au nickel par M. CH.-ED. GUILLAUME, physicien du Bureau international des Poids et Mesures. Je les remercie vivement de leur obligeance.

$\mathcal{H}$	$\mathcal{E}_1$ (acier vierge)	$\mathcal{E}_2$
2 446	49 × 10-4 volts	44 × 10-4 volts
3 106	62 »	56 »
3 743	75 »	68* »
4 549	89 »	80* »
5 040	95 »	88 »
6 102	111 »	102 »
7 242	124 »	117 »

Aussitôt qu'on a fait la première mesure, la force électromotrice parasite varie ; elle augmente généralement et se fixe à une valeur un peu supérieure à la valeur initiale. La variation est d'ailleurs très faible et ne dépasse jamais 5 à 6 dix-millièmes de volts. On détermine comme d'habitude la force électromotrice d'aimantation (Courbe 4, fig. 13).

Si l'on recommence l'expérience avec le même échantillon, on obtient, pour la force électromotrice d'aimantation, des valeurs un peu plus faibles que dans le premier cas (Courbe 5, fig. 13, 3e colonne du tableau précédent (1)).

En recommençant ensuite l'expérience une deuxième et une troisième fois on obtient toujours les mêmes valeurs pour la force électromotrice d'aimantation.

En outre, si au lieu d'opérer avec des champs croissants, on emploie des champs décroissants, on obtient également les valeurs de la troisième colonne.

L'exemple que je viens de citer est celui pour lequel j'ai eu la plus grande variation. Pour d'autres échantillons d'acier ordinaire et certains ferro-nickels j'ai eu une variation analogue mais beaucoup plus faible.

En première approximation on peut dire que tout se passe comme si l'on avait descendu la courbe 4 parallèlement à elle-même pour l'amener en 5.

Expériences avec des champs intenses.

Acier ordinaire.

J'ai opéré sur le même acier que précédemment. J'ai obtenu deux séries de valeurs suivant que l'acier était placé pour la première

(1) Les nombres marqués d'un astérisque ont été obtenus avec des champs un peu différents des champs employés dans la première série.

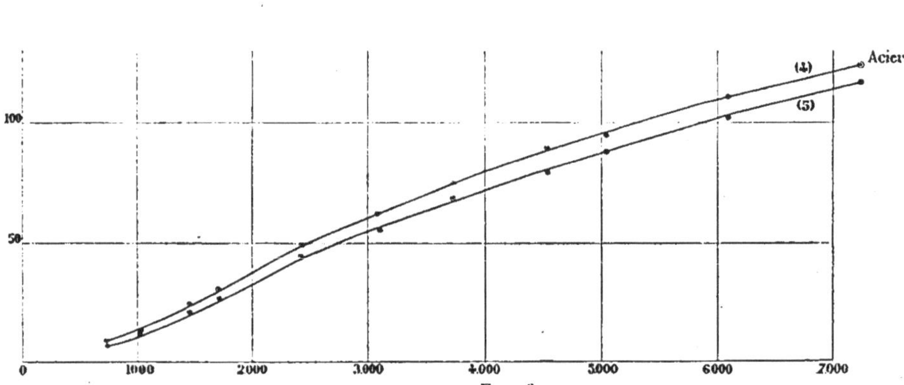

Fig. 13.

fois dans le champ ou avait déjà été soumis à des champs intenses. Je ferai remarquer qu'aussitôt après la première expérience de la première série la force électromotrice parasite augmentait de 5 à 6 dix-millièmes de volts, puis restait constante quelle que soit l'intensité du champ auquel l'échantillon était ultérieurement soumis (Courbes 4 et 5, fig. 10, p. 44).

$\mathcal{H}$	$\mathcal{E}_1$	$\mathcal{E}_2$
804	10 × 10^{-4} volts	5 × 10^{-4} volts
1 698	29 »	20 »
3 106	61 »	43 »
5 040	94 »	75 »
7 242	125 »	105 »
8 712	143 »	123 »
10 504	165 »	144 »
12 180	177 »	158 »
14 040	195 »	174 »
16 271	208 »	188 »
18 150	217 »	199 »
19 226	221 »	204 »
20 210	225 »	207 »
21 430	229 »	210 »
23 402	231 »	212 »
25 349	231 »	211 »
27 018	232 »	211 »
29 510	231 »	212 »
30 254	231 »	212 »
1 698	21 »	20 »

Les résultats de la deuxième série d'expériences montrent que tout se passe comme si la courbe initiale avait été abaissée d'une quantité plus grande que lorsque le champ ne dépassait pas 7 000 gauss.

J'ai fait de nombreuses expériences pour chercher quel était le champ qu'il fallait atteindre pour obtenir cette diminution maximum et sensiblement constante de la force électromotrice d'aimantation. J'ai trouvé que ce résultat était obtenu dès qu'on arrivait à un champ voisin de 20 000 gauss.

En recommençant plusieurs fois l'expérience, on obtient toujours les nombres de la deuxième série et si l'on opère avec des champs décroissants on atteint immédiatement la courbe inférieure et on la suit jusqu'à l'origine.

La force électromotrice d'aimantation tend vers une limite qui, dans le cas actuel est atteinte pour un champ voisin de 23 000 gauss. J'ai pu mesurer directement, par la méthode de l'isthme l'intensité d'aimantation maximum de l'échantillon sur lequel j'ai opéré. J'ai trouvé :

$$\mathcal{J} = 1\,420 \text{ pour } \mu = 2{,}07$$

ce qui donne pour le champ :

$$\mathcal{H} = 25\,500.$$

J'ai opéré sur un grand nombre d'échantillons d'aciers de provenances et de compositions différentes. Tous ces aciers m'ont donné des résultats analogues au précédent. La forme de la courbe était la même. La limite seule de la force électromotrice d'aimantation était différente et oscillait entre :

$$190 \text{ et } 240 \times 10^{-4} \text{ volts}$$

pour les échantillons vierges,

$$170 \text{ et } 230 \times 10^{-4} \text{ volts}$$

pour les échantillons déjà soumis à l'action de champs magnétiques intenses.

Cette limite était atteinte pour des champs compris entre :

19 500 et 24 000 gauss.

Les résultats étaient les mêmes lorsqu'on employait des électrodes recouvertes de diélectrine au lieu de verre, par conséquent pour des électrodes qui avaient été soumises au préalable à une température peu élevée.

Aciers au nickel.

a) — *Acier irréversible.*

L'échantillon que j'avais à ma disposition contenait 22 % de nickel et 3 % de chrome.

Cet acier ne donne pas de force électromotrice d'aimantation même si l'intensité du champ magnétique dans lequel on le place atteint 30 000 gauss (¹).

b) — *Aciers réversibles.*

1° — *Acier renfermant* 28 % *de nickel.* —Diamètre : $0^{cm},045$.

Voici les résultats obtenus avec cet échantillon lorsqu'il a été soumis au préalable à l'action d'un champ de 30 000 gauss.

(Courbe 6, fig. 10, p. 44).

$\mathcal{H}$	$\mathcal{E}$
1 031	4 × 10^{-4} volts
3 427	23 »
5 040	37 »
8 712	63 »
10 504	77 »
13 110	95 »
15 602	110 »
17 043	119 »
19 226	130 »
20 210	135 »
22 324	143 »
23 492	148 »
25 349	155 »
27 018	160 »
29 510	165 »
30 098	165 »
3 427	23 »

La limite de la force électromotrice d'aimantation n'est atteinte, pour cet échantillon, qu'aux environs de $\mathcal{H} = 30\,000$ gauss.

(¹) M. Hurmuzescu (Rapports présentés au Congrès international de Paris (1900), t. II, p. 557), avait observé un résultat semblable sur un ferro-nickel irréversible mais dans des champs magnétiques inférieurs à 7 000 gauss.

Je signalerai, à propos de cet acier, qu'il est presque impossible de faire, avec lui, des électrodes à la Wollaston en l'entourant de verre. Cet acier se dilate en se refroidissant et l'enveloppe de verre est généralement brisée. J'ai dû me contenter de le recouvrir d'une couche de diélectrine.

2° — *Acier renfermant* 36 % *de nickel.* Diamètre $0^{cm},045$.
(Courbe 7, fig. 10, p. 44).

$\mathcal{H}$	$\mathcal{E}$
1 460	11 × 10^{-4} volts
1 940	16 »
3 743	34 »
5 000	45 »
7 242	64 »
9 465	83 »
12 193	102 »
14 040	115 »
15 602	125 »
18 150	138 »
20 210	147 »
22 324	153 »
25 349	158 »
28 886	159 »
30 186	159 »
5.000	44 »

3° — *Acier renfermant* 40 % *de nickel.* Diamètre $0^{cm},048$.
(Courbe 8, fig. 10, p. 44).

$\mathcal{H}$	$\mathcal{E}$
1 460	14 × 10^{-4} volts
1 940	20 »
2 446	25 »
4 549	49 »
7 242	77 »
10 504	109 »
14 040	137 »
17 043	157 »
18 150	164 »
20 210	175 »
22 324	180 »
24 500	185 »
27 250	190 »
28 886	191 »
30 186	190 »
4 549	49 »

4° *Acier renfermant 45 °/₀ de nickel.* Diamètre 0^{cm}.044.
(Courbe 9, fig. 10, p. 44).

$\mathcal{H}$	$\mathcal{E}$
1 460	13 × 10⁻⁴ volts
2 446	24 »
4 549	45 »
6 102	60 »
7 242	70 »
9 465	92 »
12 193	114 »
14 040	126 »
15 602	135 »
17 043	145 »
19 226	155 »
22 324	167 »
24 500	170 »
27 250	172 »
29 510	172 »
30 186	172 »
6 102	62 »

J'ai fait, sur les ferro-nickels quelques essais avec des électrodes à la Wollaston formées, non plus avec du verre, mais avec de la cire de Golaz ou de la diélectrine. De cette façon, la température à laquelle on portait l'échantillon avant les expériences était beaucoup moins élevée. Je n'ai pas trouvé de différence sensible dans les résultats.

On voit que la forme des courbes obtenues avec les ferro-nickels de contenance supérieure à 26 °/₀ de nickel est la même. Il ne paraît pas y avoir de loi relative à la limite de la force électromotrice d'aimantation en fonction de la teneur en nickel.

Variation de la force électromotrice d'aimantation des aciers avec la température.

a) — *Acier ordinaire.*

Le tableau suivant résume les résultats obtenus avec l'acier renfermant 0,40 °/₀ de carbone (fig. 14, p. 73).

300
200
100
0
5000
10.000
15.000
20.000
25.000
30.000
t. 65°5
t. 12°
t. 65°5
t. 12°8
Acier
Ferro Nickel à 45 %
de Ni

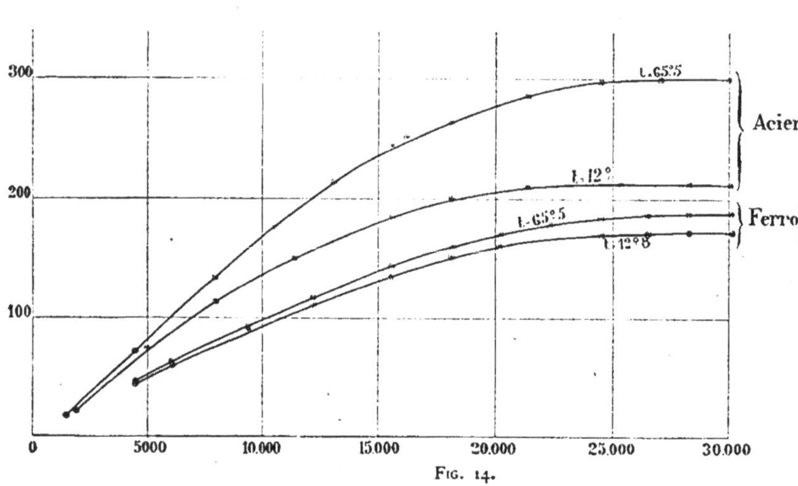

Fig. 14.

	$\mathcal{H}$	$\mathcal{E}$
$t = 12°$	1 940	22 × 10^{-4} volts
	5 000	74 »
	8 028	114 »
	11 438	150 »
	15 602	185 »
	18 150	200 »
	21 430	210 »
	25 349	213 »
	28 280	212 »
	30 098	212 »
$t = 29°,8$	1 940	24 »
	4 549	68 »
	8 712	130 »
	11 438	162 »
	14 040	189 »
	18 150	219 »
	21 430	238 »
	26 505	248 »
	28 280	247 »
	29 510	248 »
	30 098	248 »
$t = 45°,4$	1 460	16 »
	5 000	76 »
	7 242	114 »
	10 500	166 »
	12 193	188 »
	15 602	223 »
	17 043	236 »
	19 226	250 »
	21 430	262 »
	25 349	271 »
	28 280	271 »
	30 098	272 »
	4 549	69 »
$t = 65°,5$	1 460	18,5 »
	4 549	72 »
	8 028	134 »
	10 504	177 »
	13 110	214 »
	15 602	245 »
	16 271	252 »
	18 150	264 »
	21 430	286 »
	24 500	298 »
	27 018	300 »
	30 098	300 »
	4 549	71 »

Pour un champ déterminé, la valeur de la force électromotrice d'aimantation en fonction de la température est donnée par le tableau suivant :

	$\mathcal{H} = 1\,940$	$\mathcal{H} = 5\,000$	$\mathcal{H} = 10\,504$	$\mathcal{H} = 15\,602$	$\mathcal{H} = 21\,430$	$\mathcal{H} = 25\,349$	$\mathcal{H} = 30\,098$
12°	$\mathcal{E} = 22 \times 10^{-4}$ volts	74×10^{-4} volts	$144^{*} \times 10^{-4}$ volts	185×10^{-4} volts	210×10^{-4} volts	213×10^{-4} volts	212×10^{-4} volts
29°,8	24 »	75* »	152* »	202* »	238 »	248* »	248 »
45°,4	25* »	76 »	166 »	223 »	262 »	271 »	272 »
65°,5	28* »	80* »	177 »	245 »	286 »	299 »	300 »

Le coefficient moyen de température entre 12° et 65°,5 est dès lors :

$\mathcal{H}$	α
1 940	0,00509
5 000	0,00151
10 504	0,00428
15 602	0,00606
21 430	0,00676
25 349	0,00754
30 098	0,00775

De même que pour le fer doux, les courbes qui, pour un champ déterminé, relient la force électromotrice d'aimantation à la température, sont sensiblement des lignes droites. L'angle qu'elles font avec l'axe des températures (fig. 15, p. 76) augmente avec le champ mais non pas proportionnellement à l'intensité de ce champ. Cet angle tend vers une limite qui est atteinte par $\mathcal{H} = 25\,000$ gauss environ.

J'ai fait sur cet acier un certain nombre d'essais en opérant de la manière suivante : je prenais l'échantillon vierge et, en le maintenant dans un champ de 5 000 gauss environ, je faisais varier la température;

30.098
25.510
21.480
15.612
10.504
1.904
Acier
80
60
40
20
0°
10°
12°
20°
30°
40°
50°
60°
65°5

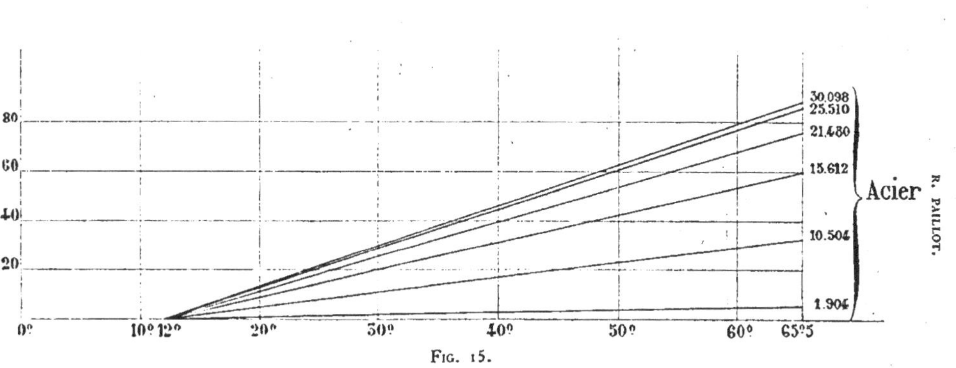

Fig. 15.

je le soumettais ensuite à un champ de 10 000 gauss puis je faisais varier la température et ainsi de suite. Voici les résultats obtenus :

$\mathcal{H}$	$t = 14°$	$t = 39°,2$	$t = 61°$
4 549	$\mathcal{E}$= 77 × 10-4 volts	$\mathcal{E}$= 83 × 10-4 volts	$\mathcal{E}$= 87 × 10-4 volts
10 504	$t = 14°,2$ $\mathcal{E}$= 165 »	$t = 41°$ $\mathcal{E}$= 190 »	$t = 59°,8$ » $\mathcal{E}$= 201 »
15 602	$t = 14°,5$ $\mathcal{E}$= 203 »	$t = 41°,3$ $\mathcal{E}$= 244 »	$t = 62°$ $\mathcal{E}$= 268 »
20 210	$t = 14°,2$ $\mathcal{E}$= 225 »	$t = 42°$ $\mathcal{E}$= 277 »	$t = 62°,5$ $\mathcal{E}$= 306 »
30 098	$t = 14°,6$ $\mathcal{E}$= 232 »	$t = 41°,8$ $\mathcal{E}$= 282 »	$t = 60°$ $\mathcal{E}$= 305 »

Ces nombres suffisent pour montrer que la variation avec la température de la force électromotrice d'aimantation de l'acier vierge est sensiblement la même que celle de l'acier qui a déjà été soumis à un champ intense.

Un certain nombre de déterminations faites sur des aciers de provenances et de compositions différentes m'ont montré que le coefficient moyen de température entre 10° et 60° tend vers une limite déterminée variant, pour les divers échantillons étudiés entre 0,00650 et 0,00780.

b) — *Acier au nickel irréversible contenant 22 % de nickel et 3 % de chrome.*

Cet acier ne m'a donné aucune force électromotrice d'aimantation appréciable dans un champ de 30 000 gauss et à une température de 50°.

200
100
0
5.000
10000
15.000
20000
25.000
30.000
t.66°
t.14°1
Ferro Nickel à 28 %
de Ni

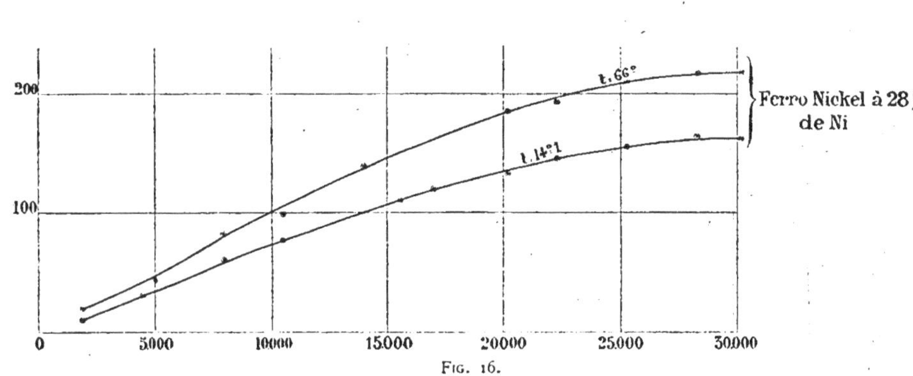

Fig. 16.

c) — *Acier au nickel renfermant 28 °/₀ de nickel.*

Cet acier a donné les résultats suivants (fig. 16, p. 78) :

	$\mathcal{H}$	$\mathcal{E}$
	1 940	10 × 10⁻⁴ volts
	4 540	31 »
	8 000	60 »
	10 504	76 »
	15 600	110 »
	17 043	120 »
t = 14°,1..........	20 210	134 »
	22 324	145 »
	25 349	154 »
	28 280	162 »
	29 510	161 »
	30 186	162 »
	4 540	30 »
	1 940	19 »
	4 549	36 »
	7 242	62 »
	10 504	89 »
	15 600	132 »
	18 150	148 »
t = 40°,3..........	20 210	162 »
	22 324	172 »
	25 349	185 »
	26 505	188 »
	29 510	190 »
	30 186	190 »
	4 549	36 »
	1 940	20 »
	5 000	44 »
	8 000	81 »
	10 504	99 »
	14 040	138 »
	17 043	161 »
t = 66°...........	20 210	185 »
	22 324	193 »
	25 349	210 »
	28 280	218 »
	29 510	218 »
	30 186	218 »
	5 000	42 »

La force électromotrice d'aimantation, pour un champ déterminé, est donnée en fonction de la température par le tableau suivant :

t	$\mathcal{H}$ = 1 940	$\mathcal{H}$ = 4 549	$\mathcal{H}$ = 10 504	$\mathcal{H}$ = 15 600	$\mathcal{H}$ = 20 210	$\mathcal{H}$ = 25 349	$\mathcal{H}$ = 30 186
14°,1	$\mathcal{E}$ = 10 × 10^{-4} volts	$\mathcal{E}$ = 31* × 10^{-4} volts	$\mathcal{E}$ = 76 × 10^{-4} volts	$\mathcal{E}$ = 110 × 10^{-4} volts	$\mathcal{E}$ = 134 × 10^{-4} volts	$\mathcal{E}$ = 154 × 10^{-4} volts	$\mathcal{E}$ = 162 × 10^{-4} volts
40°,3	19 »	36 »	89 »	132 »	162 »	185 »	190 »
66°	20 »	40* »	99 »	150* »	185 »	210 »	218 »

Ce qui donne pour les coefficients moyens de température entre 14°1, et 66° les valeurs :

$\mathcal{H}$	α
1 940	0,00192
4 549	0,00559
10 504	0,00583
15 600	0,00700
20 210	0,00733
25 349	0,00700
30 186	0,00666

d) — *Acier au nickel renfermant 36 % de nickel.*

(Fig. 17, p. 81).

	$\mathcal{H}$	$\mathcal{E}$
t = 14°	2 446	20 × 10^{-4} volts
	5 000	44 »
	7 242	64 »
	10 504	90 »
	12 193	103 »
	15 602	124 »
	17 043	134 »
	19 226	143
	20 210	147 »
	24 500	154 »
	25 349	156 »
	28 280	158 »
	30 098	158 »
	5 000	43 »

200
100
0
5000
10000
15,000
20000
25000
30000
t 65°
t 14°2
t 66°
t 14°
Ferro Nickel à 40 %
de Ni
Ferro Nickel à 36 %
de Ni

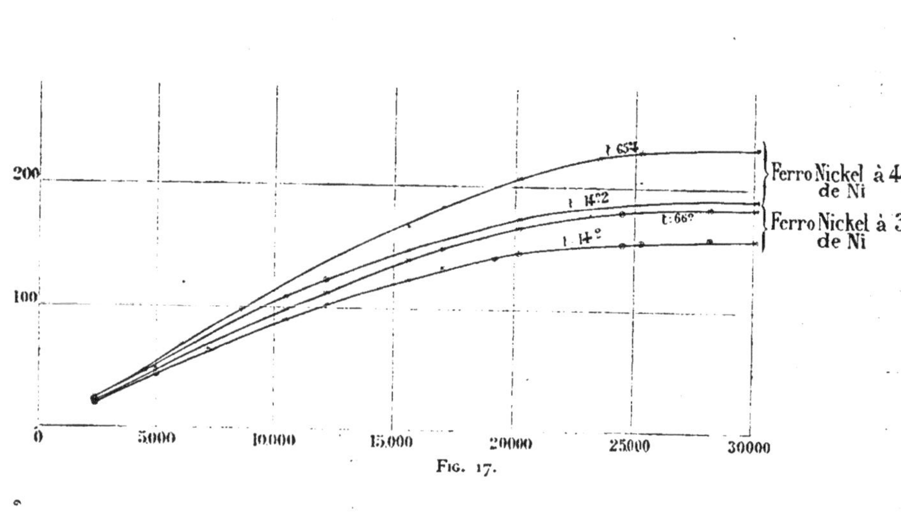

Fig. 17.

	$\mathcal{H}$	$\mathcal{E}$
$t = 66°$	2 446	22 × 10^{-4} volts
	5 000	47 »
	7 200	68 »
	10 504	98 »
	12 220	113 »
	15 602	140 »
	17 043	150 »
	20 210	167 »
	24 500	180 »
	28 280	183 »
	30 098	183 »
	5 000	46 »

Ce qui permet de construire le tableau suivant :

t	$\mathcal{H} = 5\,000$	$\mathcal{H} = 10\,504$	$\mathcal{H} = 15\,602$	$\mathcal{H} = 20\,210$	$\mathcal{H} = 25\,349$	$\mathcal{H} = 30\,098$
	volts	volts	volts	volts	volts	volts
14°	$\mathcal{E} = 44 \times 10^{-4}$	$\mathcal{E} = 90 \times 10^{-4}$	$\mathcal{E} = 124 \times 10^{-4}$	$\mathcal{E} = 147 \times 10^{-4}$	$\mathcal{E} = 156 \times 10^{-4}$	$\mathcal{E} = 158 \times 10^{-4}$
66°	47 »	98 »	140 »	107 »	181* »	183 »

On a, dès lors, pour les coefficients moyens de température entre 14° et 66° :

$\mathcal{H}$	α
5 000	0,00131
10 504	0,00170
15 602	0,00245
20 210	0,00258
25 349	0,00308
30 008	0,00304

o) — *Acier au nickel contenant 40 °/₀ de nickel.*

(Fig. 17, p. 81).

	$\mathcal{H}$	$\mathcal{E}$
	2 446	24 × 10⁻⁴ volts
	4 549	46 »
	6 102	64 »
	10 504	110 »
	12 193	124 »
t = 14°,2..........	15 602	148 »
	20 210	174 »
	28 280	191 »
	30 186	191 »
	4 549	46 »
	2 446	24 »
	4 549	47 »
	6 100	68 »
	8 712	98 »
	10 504	120 »
	15 602	169 »
t = 65°,4..........	17 043	182 »
	20 210	207 »
	23 492	225 »
	25 349	230 »
	28 280	232 »
	30 186	232 »
	4 549	47 »

Ce qui donne le tableau suivant :

t	$\mathcal{H}$ = 4 549	$\mathcal{H}$ = 10 504	$\mathcal{H}$ = 15 602	$\mathcal{H}$ = 20 210	$\mathcal{H}$ = 25 349	$\mathcal{H}$ = 30 186
	volts	volts	volts	volts	volts	volts
14°,2	$\mathcal{E}$ = 46 × 10⁻⁴	$\mathcal{E}$ = 110 × 10⁻⁴	$\mathcal{E}$ = 148 × 10⁻⁴	$\mathcal{E}$ = 174 × 10⁻⁴	$\mathcal{E}$ = 190* × 10⁻⁴	$\mathcal{E}$ = 191 × 10⁻⁴
65°,4	47 »	120 »	169 »	207 »	230 »	232 »

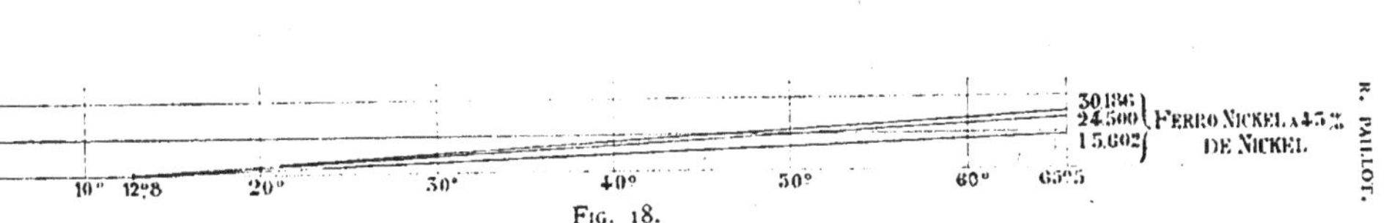

FIG. 18.

Les coefficients de température entre 14°,2 et 65°,4 sont donc :

$\mathcal{H}$	α
4 549	0,00042
10 504	0,00177
15 602	0,00277
20 210	0,00370
25 349	0,00411
30 186	0,00419

f) — *Acier au nickel contenant 45 °/₀ de nickel.*
(Fig. 14, p. 73).

	$\mathcal{H}$	$\mathcal{E}$
	4 549	45 × 10^{-4} volts
	6 102	60 »
	9 465	90 »
	12 193	111 »
	15 602	135 »
t = 12°,8	18 150	152 »
	20 210	161 »
	24 500	170 »
	26 505	172 »
	28 280	172 »
	30 186	172 »
	6 102	60 »
	4 549	47 »
	6 102	63 »
	9 465	93 »
	12 200	117 »
	15 602	144 »
	18 200	160 »
t = 65°,5..........	20 210	171 »
	22 324	178 »
	24 500	184 »
	26 505	187 »
	28 280	188 »
	30 186	188 »
	6 102	63 »

On en déduit le tableau suivant :

t	$\mathcal{H} = 4549$	$\mathcal{H} = 9465$	$\mathcal{H} = 15602$	$\mathcal{H} = 20210$	$\mathcal{H} = 24500$	$\mathcal{H} = 30186$
	volts	volts	volts	volts	volts	volts
12°,8	$\mathcal{E} = 45 \times 10^{-4}$	$\mathcal{E} = 90 \times 10^{-4}$	$\mathcal{E} = 135 \times 10^{-4}$	$\mathcal{E} = 161 \times 10^{-4}$	$\mathcal{E} = 170 \times 10^{-4}$	$\mathcal{E} = 172 \times 10^{-4}$
65°,5	47 »	93 »	144 »	171 »	184 »	188 »

d'où, pour les coefficients moyens de température entre 12°,8 et et 65°,5 :

$\mathcal{H}$	α
4 549	0,00084
9 465	0,00063
15 602	0,00126
20 210	0,00117
24 500	0,00156
30 186	0,00176

Pour ces différents aciers au nickel, les courbes qui relient la force électromotrice d'aimantation à la température sont sensiblement des droites. Leur inclination sur l'axe des températures augmente avec le champ sans qu'il y ait toutefois proportionnalité. Cette inclinaison tend au contraire vers une limite qui est atteinte pour des champs compris entre 20 000 et 25 000 gauss. Les droites de la figure 18 (p. 84) sont relatives à l'acier au nickel renfermant 45 % de nickel. C'est pour cet acier que la variation de la force électromotrice d'aimantation avec la température est la plus faible.

Conclusions relatives aux aciers.

Nous voyons, d'après les résultats qui précèdent que :

1° — *La force électromotrice d'aimantation des aciers ordinaires et des aciers au nickel tend,* comme celle du fer doux, *vers une limite déterminée lorsque l'intensité du champ magnétique augmente. Cette limite est atteinte pour le champ correspondant à l'intensité d'aimantation maximum de l'échantillon.*

2° — *La limite de la force électromotrice d'aimantation n'est pas la même pour un acier vierge que pour un acier qui a déjà subi l'action d'un champ magnétique intense.* Mais dès qu'un acier a été soumis à une telle action, la courbe qui relie la force électromotrice d'aimantation au champ ne varie plus sensiblement.

3° — *La force électromotrice d'aimantation des aciers augmente avec la température. Elle augmente d'autant plus que le champ magnétique est plus intense et cette variation tend elle-même vers une limite déterminée.*

Les coefficients moyens de température entre 10° et 60° ont pour limite les valeurs suivantes dans un champ voisin de 30 000 gauss.

		α
Acier ordinaire contenant 0,40 % de carbone		0,00775
Acier de diverses provenances et de compositions diverses.	Plus petite valeur	0,00650
	Plus grande valeur	0,00780
Acier au nickel contenant 28 % de nickel		0,00700
» » 36 % »		0,00304
» » 40 % »		0,00419
» » 45 % »		0,00170

C'est l'acier au nickel à 45 % de nickel qui m'a donné le plus petit coefficient.

4° — L'acier irréversible contenant 22 % de nickel et 3 % de chrome ne donne aucune force électromotrice d'aimantation dans un champ de 30.000 gauss et à la température de 50°.

CHAPITRE III.

RECHERCHES SUR LE NICKEL

J'ai opéré sur divers fils de nickel provenant de la Maison Basse et Selve à Altena.

Avec ce métal, la force électromotrice parasite met un temps très long (souvent plusieurs jours) à se fixer, ce qui complique beaucoup les expériences. En outre, la force électromotrice d'aimantation, même dans des champs intenses, est faible et de l'ordre du millième de volt.

J'ai essayé différents acides tels que l'acide acétique, l'acide oxalique, l'acide tartrique, l'acide citrique et l'acide chlorhydrique dilués. C'est encore l'acide acétique qui m'a donné les résultats les plus nets.

Voici les nombres obtenus dans la plus régulière de toutes mes déterminations :

$\mathcal{H}$	$\mathcal{E}$ à $t = 14°$	$\mathcal{E}$ à $t = 66°$
10 000	8×10^{-4} volts	7×10^{-4} volts
15 602	12 »	12 »
20 210	20 »	22 »
22 324	20 »	28 »
25 340	24 »	34 »
30 098	25 »	40 »

On voit que, *la force électromotrice d'aimantation du nickel*, de même que celle du fer, *augmente avec la température*. Cette augmentation est d'ailleurs faible comme cela résulte également des nombreuses déterminations que j'ai effectuées sur ce métal.

J'ai toujours observé que l'électrode aimantée était *positive* par rapport à l'électrode non aimantée.

CHAPITRE IV.

RECHERCHES SUR LE BISMUTH

Les électrodes à la Wollaston étaient formées en aspirant du bismuth fondu dans des tubes de verre effilés.

J'ai opéré sur divers échantillons et avec des électrodes dont le diamètre variait entre $0^{cm},02$ et $0^{cm},08$.

J'ai également employé différents acides, mais dans tous les cas, la force électromotrice parasite mettait un temps très long à prendre une valeur constante.

Les résultats les plus nets m'ont été fournis par une électrode de $0^{cm},03$ de diamètre plongeant dans la solution diluée d'acide acétique. Les forces électromotrices d'aimantation étaient très faibles et de l'ordre du dix-millième de volt.

Dans tous les cas, l'électrode aimantée était *négative* par rapport à l'électrode non aimantée.

Voici les nombres obtenus dans un champ de 30 000 gauss. J'ai fait, avec cet échantillon, cinq expériences dont la durée a été de trois jours.

1......	$t = 12^{\circ},2$	$\mathcal{E} = 14 \times 10^{-4}$ volts
	$t = 48^{\circ},5$	6 »
2......	$t = 12^{\circ}$	17 »
	$t = 50^{\circ}$	9 »
3......	$t = 11^{\circ},8$	15,5 »
	$t = 46^{\circ}$	8 »
4......	$t = 11^{\circ}$	15 »
	$t = 46^{\circ}$	7 »
5......	$t = 12^{\circ},5$	16 »
	$t = 48^{\circ}$	9 »

La variation de la force électromotrice d'aimantation avec la température, variation qui n'est d'ailleurs appréciable que dans un champ voisin de 30 000 gauss, est très faible mais on voit que :

La force électromotrice d'aimantation du bismuth diminue quand la température s'élève.

A la température ordinaire et pour des champs de 7 000 gauss environ, les résultats de mes mesures sont suffisamment d'accord avec ceux de M. Hurmuzescu. Par contre, ils ne s'accordent pas avec ceux de M. Grimaldi qui obtient des forces électromotrices d'aimantation plus élevées. Il est probable que les causes d'erreur introduites par la force électromotrice parasite et qui n'avaient pas été signalées avant moi, ont pu occasionner des variations accidentelles.

Il est à remarquer, en outre, que le rapport des forces électromotrices d'aimantation du bismuth et du fer est bien supérieur au rapport des susceptibilités magnétiques de ces deux substances.

CONCLUSIONS

En résumé, j'ai montré par des expériences nombreuses et souvent répétées que, dans des conditions nettement définies :

1° — *La force électromotrice d'aimantation des substances magnétiques telles que le fer et différents aciers tend, pour une température déterminée comprise entre 0° et 70°, vers une limite déterminée quand on augmente suffisamment l'intensité du champ magnétique* (pp. 45, 69) ;

2° — *Cette limite est atteinte pour un champ magnétique dont la valeur correspond très sensiblement à l'intensité d'aimantation maximum de l'échantillon employé* (pp. 63, 69) ;

3° — *La force électromotrice d'aimantation des substances magnétiques* (fer, aciers, nickel) *augmente avec la température* (pp. 53, 72, 88) ;

4° — *L'augmentation de la force électromotrice d'aimantation avec la température tend vers une limite déterminée qui est atteinte très sensiblement pour le champ magnétique correspondant à l'intensité d'aimantation maximum de l'échantillon employé* (pp. 57, 75, 80, 82, 83, 85) ;

5° — *La limite vers laquelle tendent les coefficients moyens de température est la plus grande pour le fer, les aciers ordinaires et l'acier au nickel renfermant 28 °/₀ de nickel* (p. 87).

Elle est la plus faible pour l'acier au nickel renfermant 45 °/₀ de nickel (p. 86) ;

6° — *La force électromotrice d'aimantation du bismuth diminue quand la température augmente* (p. 89).

Documents manquants (pages, cahiers...)

NF Z 43-120-13

www.ingramcontent.com/pod-product-compliance
Ingram Content Group UK Ltd.
Pitfield, Milton Keynes, MK11 3LW, UK
UKHW021231230726
13926UKWH00003B/1367